KB067920

친절한

과학사전

친절한 과학 사전

수학 편

조윤희 지음

북카라반
CARAVAN

"

수학에서는 많은 용어가 사용되는데, 학교에서 배우는 수학은 서양에서 비롯한 것이어서 용어의 어원 또한 서양의 역사를 빼놓고는 설명하기 어렵습니다. 수학의 용어는 다 나름의 역사와 배경을 가지고 있어서 당대 수학자들의 삶도 눈여겨볼 필요가 있습니다.

현대의 수학 문화는 단순히 수학적 사실을 이해하는 것이 아니라, 실생활의 여러 가지 문제를 수학적 사고능력으로 해결하고, 그 결과를 토대로 다양한 사회 문제까지 예측할 수 있습니다. '책 속의 수학'이 아닌 '삶 속의 수학'을 추구하는 추세에 있는 거지요. 그런 의미에서 수학은 우리의 삶 전체와 관련하여 요구되는 과학적 의사소통을 하는 데 필요한 가장 합리적인 언어라고 할 수 있습니다.

이 책은 과거 수학자들의 대단한 역할을 소개하고, 이런 과정 속에서 수학이 우리의 삶에 미치는 영향을 이해하길 바라는 마음에서 쓰기 시작했습니다. 지금 당장 눈에 보이는 수학 용어가 내 삶에 직결되는 것은 아니지만 누군가는 수학을 통해 자연 과학이나 공학적 현상을 설명하고 응용하여 삶을 편리하게 했다는 것입니다. 이것은 단순한 지적 호기심에서 출발했을 것이고, 이런 수학적 안목을 가지고 주변의 현상을 올바르게 파악하고, 수학 자체의 아름다움을 발견했을 것입니다.

개인적으로는, 중학교 자유학기제가 의무화되면서 학생들에게 '책 속의 수학'이 아닌 '삶 속의 수학'을 접하도록 하고자 하는 고민의 과정에서 얻은 결과물을 이 책에 기록했습니다. 또한, 생활 속에서 수학적 호기심을 갖고 수학적 원리를 찾으며 창의력과 상상력을 키울 수 있는 다양한 읽을거리와 수학사 이야기도 기록했습니다.

머리말

학생들이 수학 학습에 곤란을 겪는 주된 원인은 이전 단계의 수학적 개념에 대한 이해 부족과 수학적 개념들 간의 관련성 파악 부족에 있습니다. 수학적 지식은 다른 어떤 학문보다 체계적이고 단계적이어서 기초 단계의 지식에 대한 충분한 이해 없이는 상위 단계의 개념을 학습하기란 거의 불가능합니다. 한 부분에 대한 이해를 충족하지 못하면 다른 부분의 학습에서도 한계를 느끼게 됩니다. 대부분의 학생들이 수학 학습에 많은 시간을 투자하고 있음에도 여전히 수학을 가장 어려워하고, 좀처럼 흥미와 자신감을 갖지 못하고 있습니다. 따라서 개념에 대한 이해는 수학 학습의 필수조건이며, 여러 개념 간의 관련성을 탐구하여 자신의 것으로 만드는 과정이 꼭 필요합니다. 이런 부분에서 이 책이 독자 여러분에게 도움이 되기를 바랍니다.

이 책을 쓰는 동안 다양한 자료와 서적을 접하며 한층 발전한 저 자신을 발견하게 되었습니다. 첫 시도이고, 설레는 경험이 되도록 도와준 출판사 분들과 사랑하는 가족에게 고마운 마음을 전합니다.

"

지은이 **조윤희**

contents

구

정의 구(球. sphere)는 한 정점(중심)으로부터 같은 거리(반지름)에 있는 점들로 이루어진 3차원의 도형이다. 수학에서의 구는 속이 비어 있는 '구면'을, 공은 속이 차 있는 '구체'를 가리키는 말이다.

해설 중심 C의 좌표가 (a, b, c)이고 반지름의 길이가 r인 구의 식은 다음과 같이 구할 수 있다.

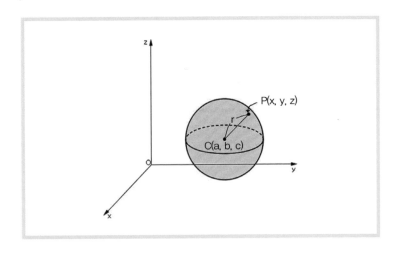

구면상의 점 $P(x, y, z)$를 보면 $\overline{CP} = r$(일정)이므로

$\sqrt{(x-a)^2 + (y-b)^2 + (z-c)^2} = r$ 양변을 제곱한

$(x-a)^2 + (y-b)^2 + (z-c)^2 = r^2$이 구의 방정식의 표준형이다.

구의 방정식 $(x-a)^2 + (y-b)^2 + (z-c)^2 = r^2$을 전개하여 정리하면

$x^2 + y^2 + z^2 + Ax + By + Cz + D = 0$이 되고 이 식을 구의 방정식의 일

반형이라고 한다.

일반형을 변형하면

$(x + \dfrac{A}{2})^2 + (y + \dfrac{B}{2})^2 + (z + \dfrac{C}{2})^2 = \dfrac{A^2 + B^2 + C^2 - 4D}{4}$ 이므로 중심이

$(-\dfrac{A}{2}, -\dfrac{B}{2}, -\dfrac{C}{2})$, 반지름의 길이가 $\dfrac{\sqrt{A^2 + B^2 + C^2 - 4D}}{2}$ 인 구의 방

정식이 된다.

구의 비밀

중심이 $C(a, b, c)$인 좌표평면에 접하는 구의 반지름은

　① 구가 xy평면에 접할 경우 $r = |c|$

　② 구가 yz평면에 접할 경우 $r = |a|$

　③ 구가 zx평면에 접할 경우 $r = |b|$ 이다.

구면에 그림을 그려보자. 평범한 그림이 아닌 특별한 문양의 그림이다. 평면을 같은 모양으로 채워나가는 것을 평면 테셀레이션(tessellation, 쪽매맞춤)이라 하고, 구를 같은 모양으로 채워나가는 것을 구 테셀레이션이라 한다.

평면에서의 정삼각형과 구면에서의 정삼각형은 구분된다. 평면에서 정삼각형의 내각의 총합은 $180°$이지만 구면에서는 $180°$보다 크다. 구면이 휘어져 있어서 구면에 그려진 정삼각형도 휘어져 있기 때문이다. 네 면이 정삼각형으로 이루어진 정사면체를 구 안에 넣어 구의 중심에서 빛을 쏘면 구 표면에 생기는 그림자가 다음과 같이 구 표면에 그려진 그림과 같다.

2014 브라질 월드컵 공인구 '브라주카(brazuca)'는 6개의 바람개비 조각으로 만들어진 공이다. 역대 최소 조각 수이자 최초의 구 테셀레이션이기도 하다. 축구공 조각을 줄이는 것은 완전한 구형

에 가깝게 만들어 공의 불규칙성을 줄이고 정확한 패스를 통해
기술적 흥미를 높이기 위해서다.

■ 브라주카 만들어보기

브라주카 그리기의 시작은 구에 내접한
정팔면체의 꼭짓점을 찾는 것에서부터
시작된다. 아래 공식에 따라 정팔면체의 한
변의 길이를 먼저 구하자. 그런 다음, 아래
의 순서에 따라 브라주카를 그려 보자.

$$정팔면체 \ 한 \ 변의 \ 길이(a) = \sqrt{2}\,r \qquad r=공의 \ 반지름$$

	❶ 스티로폼 구의 지름을 재서 정팔면체 한 변의 길이를 구한다. 그리고 컴퍼스로 사진과 같이 원을 그린다.
	❷ 삼각형 한 변의 중심과 삼각형의 중심을 표시한다. 적당히 눈대중으로 찾아 표시해도 된다.
	❸ 삼각형 중심에서 꼭짓점까지 선분을 긋고, 선분의 $\frac{1}{4}$ 지점에서 바람개비 모양을 사진과 같이 그린다.
	❹ 삼각형의 꼭짓점과 중심을 이은 선분을 접선으로 활용해 바람개비 모양으로 둥글게 그린다.
	❺ 테두리 선을 중심으로 십자 모양의 바람개비 모양을 그린 후, 색칠하면 브라주카 그리기 완성!

구골

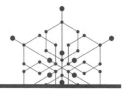

정의 구골(googol)은 10의 100제곱, 즉 10^{100}을 말한다.

해설 구골은 수학 작가이자 교수였던 에드워드 카스너 박사가 만들었다. 그의 조카 밀턴 시로타가 구골보다 더 큰 숫자를 '구골플렉스(googolplex)'로 명명했는데, "손이 아플 때까지 계속해서 1뒤에 0을 써야 하는 숫자"라는 뜻이다. 그 수는 $10^{구골} = 10^{10^{100}}$이다.

상상 이상의 수

구글(google)은 미국 캘리포니아의 마운틴 뷰에 본사를 둔 세계 최대의 인터넷 검색 서비스 기업이다. 매일 10억 건 이상의 검색이 구글을 통해서 이루어진다. 창업자 래리 페이지가 회사 이름을 구골(googol)로 지으려다가 철자를 헷갈리는 바람에 구글(google)이 되었다고 한다.

그럼 아주 큰 수와 아주 작은 수의 단위에는 어떤 것들이 있는지 알아보자.

아주 큰 수들

G64(4)   그레이엄 수(Graham's number)

$10^{10^{10^{100}}}$ 구골플렉시안(Googolplexian)

$10^{10^{100}}$ 구골플렉스(Googolplex)

10^{100} 구골(Googol)

10^{68} 무량대수(無量大數, 무량수라고도 하며 양을 측정할 수 없는 큰 수의 단위)

10^{64} 불가사의(不可思議, 사람의 생각으로는 도저히 헤아릴 수 없는 이상하고 신비한 것으로 상식적으로는 이해할 수 없는 양의 단위)

10^{60} 나유타(那由他)

10^{56} 아승기(阿僧祇, 아승지라고도 하며 '무수하게 많다'는 것처럼 측정할 수 없이 많은 수를 의미함)

10^{52} 항하사(恒河沙, 항하는 인도 갠지스 강을 뜻하고, 항하사는 갠지스 강의 모래를 의미하므로 '항하사'는 갠지스 강의 모래만큼이나 많다는 뜻)

10^{48} 극(極)

10^{44} 재(載)

10^{40} 정(正, 우리말: 잘)

10^{36} 간(澗)

10^{32} 구(溝)

10^{28} 양(壤)

10^{24} 자(仔)

10^{20} 해(垓)

10^{16} 경(京, 우리말: 골)

10^{12} 조(兆)

아주 작은 수들

10^{-1} 분(分)

10^{-2} 리(厘)

10^{-3} 모(毛)

10^{-4} 사(絲)

10^{-5} 홀(忽)

10^{-6} 미(微)

10^{-7} 섬(纖)

10^{-8} 사(沙)

10^{-9} 진(塵)

10^{-10} 애(挨)

10^{-11} 묘(渺)

10^{-12} 막(莫)

10^{-13} 모호(模糊, 너무나 작아서 도저히 구별할 수도 알아볼 수도 없는 수)

10^{-14} 준순(浚巡)

10^{-15} 수유(須臾)

10^{-16} 순식(瞬息, 극히 짧은 시간)

10^{-17} 탄지(彈指, 손가락을 튕기는 순간)

10^{-18} 찰나(刹那, 아주 가는 비단실에 날카로운 칼을 대어 끊
어지는 데 필요한 시간 반대말은 '영겁'으로 영원한 시
간을 의미)

10^{-19} 육덕(六德)

10^{-20} 허공(虛空, 아무것도 없는 공간을 가리키기기도 하고
너무나 작은 나머지 아무것도 없는 것과 같다는 의미)

10^{-21} 청정(淸淨, 아무것도 없이 깨끗한 상태와 마찬가지일
정도로 작은 수)

⋮

10^{-47} 천재일우(千載一遇, 좀처럼 얻기 힘든 기회)

모호, 찰나, 허공, 청정, 천재일우 등 이러한 수의 단위는 불교에
서 나온 것이다. 진, 애는 모두 먼지를 뜻하는데, 가장 적은 양을
나타내는 인도의 말이다.

구분구적법

정의　어떤 도형의 넓이나 부피를 구할 때, 주어진 도형을 세분하여 그 도형(삼각형 또는 사각형)의 넓이나 부피의 근삿값을 구한 다음, 이 근삿값의 극한값으로 도형의 넓이 또는 부피를 구하는 방법이 구분구적법(區分求積法, measuration by division)이다.

해설　$\int_0^1 x^2\,dx$ 는 무슨 의미인가? 이것은 밑변의 길이가 dx, 높이가 x^2인 도형을 0부터 1까지 무수히 많은 직사각형으로 나눠 넓이를 구한 후 모조리 다 합친다는 뜻이다. 무수히 많은 직사각형으로 쪼개면 곡선 $y = x^2$위로 볼록 튀어나온 부분의 오차가 없어진다. 구분구적법으로 아주 어렵게 구해온 수천 년의 관행이었지만 뉴턴과 라이프니츠 같은 천재 수학자들이 미적분을 발견하고부터는 적분 공식만 사용하면 간단하게 면적이 나온다.

포물선 $y=x^2$과 x축 및 직선 $x=1$로 둘러싸인 도형의 넓이 S를 구분구적법으로 구해보자.

오른쪽 그림과 같이 구간 [0, 1]을
n등분하면 각 소구간의 오른쪽 끝
점의 x좌표는 $\dfrac{1}{n}, \dfrac{2}{n}, \dfrac{3}{n}, \cdots, \dfrac{n}{n}(=1)$
이고, 이에 대응하는 y의 값은
$\left(\dfrac{1}{n}\right)^2, \left(\dfrac{2}{n}\right)^2, \left(\dfrac{3}{n}\right)^2, \cdots, \left(\dfrac{n}{n}\right)^2$ 이므로
오른쪽 그림의 직사각형들의 넓이
의 합을 S_n이라고 하면

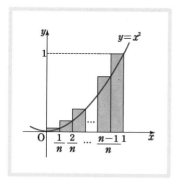

$$S_n = \dfrac{1}{n}\left(\dfrac{1}{n}\right)^2, \dfrac{1}{n}\left(\dfrac{2}{n}\right)^2, \dfrac{1}{n}\left(\dfrac{3}{n}\right)^2, \cdots, \dfrac{1}{n}\left(\dfrac{n}{n}\right)^2$$
$$= \dfrac{1}{n^3}(1^2+2^2+3^2+\cdots+n^2) = \dfrac{1}{n^3} \cdot \dfrac{n(n+1)(2n+1)}{6}$$
$$= \dfrac{1}{6}\left(1+\dfrac{1}{n}\right)\left(2+\dfrac{1}{n}\right)$$

따라서 구하는 넓이 S는

$$S = \lim_{n \to \infty} S_n = \lim_{n \to \infty} \dfrac{1}{6}\left(1+\dfrac{1}{n}\right)\left(2+\dfrac{1}{n}\right)$$
$$= \dfrac{1}{6}(1+0)(2+0) = \dfrac{1}{3}$$

구분적분법 활용의 역사

고대 그리스의 수학자 에우독소스(Eudoxos, 서기전 400~350)는 구분구적법으로 각뿔의 부피를 증명했다. 정육면체 부피의 2배인 정육면체를 작도하는 방법을 풀어냈으며, 처음으로 "원의 넓이는 그 반지름의 제곱에 비례한다"고 말했다. 또한 도형을 무한대로 잘래내는 방법으로 각뿔과 원뿔의 부피가 밑면과 높이가 같은 각기둥과 원기둥의 부피의 $\frac{1}{3}$인 것을 증명했다. 이때 도형을 쪼개서 넓이를 구해내는 구분구적법을 사용했다.

현재 제조사와 사용 재료 등에 따라 20여 가지의 3D 프린팅 기술이 존재하지만 공통점은 '미분'과 '적분'의 원리를 사용했다는 것이다. 특히, 층층이 쌓아올리는 적층형은 적분의 원리 중 구분구적법의 원리다. 먼저 컴퓨터 3D 디자인 프로그램을 이용하여 입체 디자인을 만들고, 그 디자인을 '미분'하듯이 얇은 가로 층으로 나눠 분석한다. 가운데 구멍이 뚫렸거나 어느 한 쪽이 튀어나온 복잡한 디자인이라도 이 과정을 거치면 완벽하게 출력할 수 있다. 그 다음에 노즐에 있는 재료로 바닥부터 꼭대기까지 한 단 한 단 쌓아올리면 입체모형이 만들어진다. 다시 말해, 사과 하나를 한없이 가로로 잘게 썰어 가는 미분과, 이 잘게 썰어진 조각을 한 단씩 차곡차곡 합쳐 원래의 사과 형태로 환원시키는 적분의 원리인 구분구적법을 모두 사용하고 있는 셈이다. 구분구적법은 면적만 있는 무한개의 층으로 부피를 구한다면, 3D 프린터는 두께가 있는 유한개의 층을 쌓아 근사치로 입체모형을 만든다.

귀류법

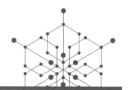

정의 귀류법(歸謬法, proof by contradiction)은 증명하려는 명제의 결론이 부정이라는 것을 가정했을 때 모순되는 가정이 나온다는 것을 보여 원래의 명제가 참인 것을 증명하는 방법이다. 유클리드가 일찍이 2,000년 전에 소수의 무한함을 증명하기 위해 사용했을 정도로 오래된 증명법인 귀류법은 간접증명법으로, 배리법(背理法) 또는 반증법(反證法)이라고도 한다.

해설 '$\sqrt{2}$가 유리수가 아니다'를 귀류법으로 증명해보자.

> ' $\sqrt{2}$ 가 유리수다'라고 가정하면, $\sqrt{2} = \dfrac{b}{a}$ (a, b는 서로소)이다.
>
> $\sqrt{2}\,a = b$을 양 변 제곱하면 $2a^2 = b^2$이므로 b^2은 2의 배수다.
>
> $b = 2b'$ (b'은 자연수)라고 하면 $2a^2 = (2b')^2$, $2a^2 = 4(b')^2$,
>
> $$a^2 = 2(b')^2 \text{이므로}$$
>
> a^2은 2의 배수다.
>
> 그러면 a도 2의 배수다. 이는 a, b는 서로소라는 가정에 모순이 된다.
>
> 따라서 $\sqrt{2}$ 가 유리수가 아니다.

유클리드처럼 '소수의 수는 무한하다'를 증명해보자. 먼저 '소수의 수는 유한개다'라고 가정하자. 그러기 위해서는 최대 소수가 있어야 하므로 그것을 p라고 하면, 소수는 2, 3에서 시작해서 p까지 계속된다.

$$2, \ 3, \ 5, \ 7, \ 11, \ 13, \ 17, \ 19, \ \cdots, \ p$$

소수를 전부 곱하고 거기에 1을 더해 N을 만든다.

$$N = 2 \times 3 \times 5 \times 7 \times \cdots \times p + 1$$

최대 소수를 p라 했으므로 N은 합성수여야 하며, N을 나눌 수 있는 소수가 존재한다.

2로 나누면 1이 남고, 3으로 나눠도 1이 남고, 5로 나눠도 1이 남고, $\cdots$, p로 나눠도 1이 남는다. N은 소수가 된다. 이것은 '소수의 수는 유한개이다'라는 가정에 모순된다. 그러므로 소수의 수는 무한하다.

'제논의 역설'과 귀류법

귀류법은 '제논의 역설'을 통해 세상에 널리 알려졌다. 제논(Zenon of Elea, 서기전 490~429)은 피타고라스학파와 대립한 엘레아학파다. 제논의 역설 중 가장 유명한 것은 "아킬레스와 거북이의 달리기 경주"이다. 거북이가 먼저 출발한 상황에서 아킬레스는 아무리 빨리 달려도 거북이를 따라잡을 수 없다는 것이다.

수학에서 증명하는 방법 몇 가지 더 소개한다. 연역법(演繹法, deductive method)은 하나의 전제에서 결론이 도출되는 직접추리와 2개 이상의 전제에서 결론이 나타나는 간접추리가 있다. '대전제 → 소전제 → 결론'의 형식으로 나타나는 삼단논법이 전형적인 간접추리 형식이다. 모든 사람은 죽는다(대전제) → 소크라테스는 사람이다(소전제) → 소크라테스는 죽는다(결론).

귀납법(歸納法, inductive method)은 개개의 구체적인 사실이나 현상에 대한 관찰로 얻은 인식을 그 전체에 대한 일반적인 인식으로 이끌어가는 절차이며, 인간의 다양한 경험, 실천, 실험 등의 결과를 일반화하는 사고방식이다. 귀납에서 얻어진 결론은 필연적인 것이 아니라 단지 일정한 개연성을 지닌 일반적 명제나 가설에 지나지 않는다. 아리스토텔레스가 귀납에 대한 연구를 시작했고, 17~18세기에 경험적 자연과학이 발달하면서 두드러지게 나타났다.

수학적 귀납법(mathematical induction)은 수학에서 어떤 주장이 모든 자연수에 대해 성립함을 증명하기 위해 먼저, 첫 번째 명제가 참임을 증명하고, 그 다음 명제들 중에서 어떤 하나가 참이라고 가정하면 그 다음 명제도 참임을 증명하는 방법이다. 수학적 귀납법은 이름과는 달리 귀납적 논증이 아닌 연역적 논증에 속한다.

그리스의 3대 난제

정의 '자와 컴퍼스만으로 풀 수 없는' 문제로 다음 3가지가 유명한 데 이를 '그리스의 3대 난제'라고 한다.

❶ 각의 삼등분: 임의의 각을 정확하게 삼등분하라.

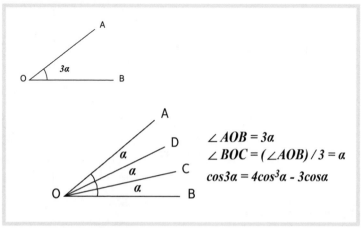

$$\angle AOB = 3\alpha$$
$$\angle BOC = (\angle AOB) / 3 = \alpha$$
$$cos3\alpha = 4cos^3\alpha - 3cos\alpha$$

| 임의의 각의 3등분 작도 문제

❷ 정육면체 배적: 임의의 정육면체의 두 배 부피를 갖는 정육면체를 구하라.

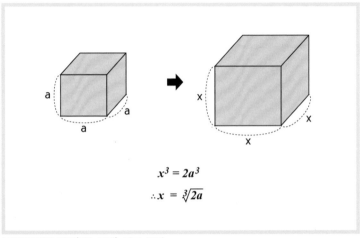

$$x^3 = 2a^3$$
$$\therefore x = \sqrt[3]{2a}$$

| 정육면체의 배적(2배 부피) 작도 문제

❸ 원의 정사각형화: 임의의 원과 넓이가 같은 정사각형을 구하라.

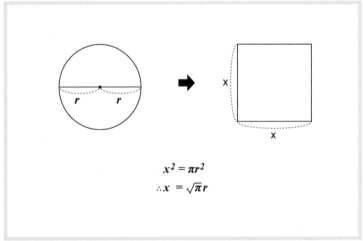

$$x^2 = \pi r^2$$
$$\therefore x = \sqrt{\pi}\, r$$

| 원의 면적과 같은 정사각형 작도 문제

해설 이 문제들을 '자와 컴퍼스만으로 풀 수 없다'는 것을 증명하기까지 2,000년이 걸렸다.

첫 번째 문제를 살펴보자. 우리는 모든 각을 2등분할 수 있고 90°, 108°와 같은 몇몇 각에 대해서도 3등분할 수 있다. 그러므로 어떤 각이든 3등분할 수 있을 것이라 생각하겠지만 그리 쉬운 문제는 아니다. 서기전 460년경 히피아스는 오랜 연구 끝에 눈금 없는 자와 컴퍼스만으로는 이 문제를 해결할 수 없었고, 그 대신 원이 아닌 다른 곡선을 이용하여 각을 3등분했다.

두 번째 문제를 살펴보자. 주어진 정사각형의 넓이의 두 배가 되는 정사각형의 작도는 피타고라스의 정리를 이용하거나 정사각형의 대각선을 이용하여 쉽게 해결할 수 있다. 그러나 정육면체를 작도하는 문제는 갖은 노력에도 불구하고 해결하지 못했고, 서기전 430년경 히포크라테스가 포물선을 이용하여 이 문제를 해결했다.

첫 번째와 두 번째 문제는 1837년 완첼(P. L. Wantzel, 1814~1848)이 눈금 없는 자와 컴퍼스만으로는 해결할 수 없음을 증명했다. 이 정육면체의 배적 문제의 역사적 배경은 다음과 같다. 첫째는 그리스 신화 속의 미노스 왕이 그의 아들 글라우쿠스의 묘비 크기에 불만을 품고, 한 시인에게 묘비의 크기를 2배로 만들면 부피가 2배가 될 것이라고 생각했으나, 한 수학자가 그 이야기를 듣고 부피가 2배가 아닌 8배가 된다고 알렸고, 그럼 모양을 그대로 유지하면서 어떻게 부피를 2배로 늘릴 수 있을까 하는 고민에서 비롯되었다고 한다. 둘째는 그리스의 델로스 섬에 역병이 돌았는데 이것이 신의 노여움이라 생각해 주민들은 역병을 막아달라고 아폴로 신전에 기도를 올렸다. 아폴로 신은 기도에 응답하여 "정육면체 모양의 제단을 그 부피의 2배가 되는 새로운 정육면체 모양의 제단을 만들면 역병을 퇴치해주겠다"라고 말한 사건에서 유래되었다고 한다.

세 번째 문제는 주어진 원과 같은 넓이를 가지는 정사각형을 작도하는 문제다. 서기전 430년경 안티폰은 이 문제를 해결하기 위해 원의 안과 밖에 정다각형을 그려 나가는 방법을 사용했다. 이런 노력의 결과로 아르키메데스가 원주율을 구할 수 있었던 것으로 생각된다. 그러나 이 문제도 1882년 린데만(F. Lindemann, 1852~1939)이 작도 불가능을 증명했다.

하지만 이 문제들을 해결하기 위해서 노력한 끝에 새로운 수학을 창조하는 데 크게 기여했으며 작도법이 발달하게 되었고 제도 기구 등을 만들어냈다.

평생을 작도 불능 문제에 도전한 히포크라테스(Hippocrates, 서기전 450?~400?)는 이 과정에서 최초로 곡선 모양의 넓이를 다각형의 넓이로 변환시켰고, 이 발견으로 인해 직선으로 둘러싸여 있는 도형의 넓이와 같은 곡선이 있다는 것이 세상에 알려졌다.

작도

작도는 눈금 없는 자와 컴퍼스만을 유한 번 사용하여 도형을 그리는 것을 말한다. 유클리드의 『원론』(제4권)에 의해 원에 내접하는 삼각형, 사각형, 오각형, 육각형, 십오각형을 작도하는 방법이 알려졌다. 또한 정다각형의 경우에는 정칠각형, 정구각형, 정십일각형, 정십삼각형이 작도 불가능하다는 것이 알려졌다.

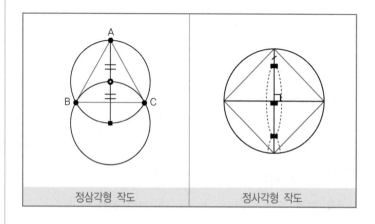

| 정삼각형 작도 | 정사각형 작도 |

■ 정삼각형 작도 방법

1. 컴퍼스를 사용하여 한 원을 작도한다.
2. 그려준 원의 한 점에서 반지름이 같은 원을 작도한다.
3. 두 원의 중심을 이은 선과 원이 만나는 점(A)을 찾는다.
4. 두 원의 교점(B, C)과 점 A를 이은 △ABC는 정삼각형이다.

근의 공식

정의 $ax^2+bx+c=0 \ (a \neq 0)$의 형태의 방정식을 2차 방정식이라 하며, 해는 $x = \dfrac{-b \pm \sqrt{b^2-4ac}}{2a}$ 이다.

이것을 근의 공식(quadratic formula)이라고 한다.

해설

2차 방정식 $ax^2+bx+c=0 \ (a \neq 0)$의 근의 공식을 유도해보자.

$ax^2+bx+c=0 \ (a \neq 0)$에서 양변을 a로 나누면 $x^2+\dfrac{b}{a}x+\dfrac{c}{a}=0$ 이다.

이 식을 완전제곱식으로 바꾸면,

$x^2+\dfrac{b}{a}x+\left(\dfrac{b}{2a}\right)^2-\left(\dfrac{b}{2a}\right)^2+\dfrac{c}{a}=0$, $x^2+\dfrac{b}{a}x+\left(\dfrac{b}{2a}\right)^2=\left(\dfrac{b}{2a}\right)^2-\dfrac{c}{a}$,

$\left(x+\dfrac{b}{2a}\right)^2=\dfrac{b^2-4ac}{4a^2}$, $x+\dfrac{b}{2a}=\pm\sqrt{\dfrac{b^2-4ac}{4a^2}}$, $x+\dfrac{b}{2a}=\pm\dfrac{\sqrt{b^2-4ac}}{2a}$,

$x=-\dfrac{b}{2a}\pm\dfrac{\sqrt{b^2-4ac}}{2a}$, $x=\dfrac{-b \pm \sqrt{b^2-4ac}}{2a}$ 이다.

$10m$의 끈으로 면적 $5m^2$의 직사각형을 만들어보자.

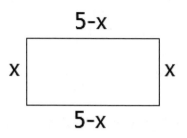

면적 $5m^2$이려면 가로, 세로를 몇 m로 해야 할까?

세로의 길이를 $x(m)$으로 하면 가로 길이는 $(5-x)m$이므로
$x(5-x)=5$인 x의 값을 구하면 되는데 이 때 근의 공식을 사용한다.

$$x(5-x)=5 \Rightarrow x^2-5x+5=0$$
$$\Rightarrow x = \frac{-(-5) \pm \sqrt{(-5)^2 - 4 \times 1 \times 5}}{2 \times 1}$$
$$= \frac{5 \pm \sqrt{5}}{2}$$

직사각형의 종이에서 정사각형 A를 오려내면 나머지 B가 원래의 직사각형과 닮은꼴이 될 때 이 직사각형의 가로 : 세로를 황금비율이라고 한다.

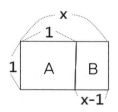

세로를 1, 가로를 x 라고 하면 대소의 직사각형이 닮은꼴이 되기 위해서는

$$1 : x = x - 1 : 1 \Rightarrow x(x-1) = 1 \quad \text{(근의 공식 이용)}$$
$$\Rightarrow x^2 - x - 1 = 0$$
$$\Rightarrow x = \frac{1 \pm \sqrt{5}}{2}$$

$x > 0$이므로 $x = \dfrac{1 + \sqrt{5}}{2} = 1.618 \cdots\cdots$

이렇게 해서 황금비는 $1 : 1.618 \cdots\cdots$임을 알 수 있다.

방정식

응용하기.

근의 공식을 배우면서 모든 2차 방정식의 해를 하나의 공식으로 구할 수 있다는 점은 신기하다. 수학자들은 이처럼 공통인 틀을 찾기 위해 많은 노력을 기울여 2차 방정식의 근의 공식처럼 3차 방정식도 근의 공식을 찾아냈다. 16세기의 일이지만 그 공식이 다소 복잡하여 일상적으로 쓰이진 않는다. 3차 방정식의 근의 공식을 '카르다노의 공식'이라고 한다.

3차 방정식을 최초로 발견한 수학자 타르탈리아는 빈곤한 농가에 살며 독학으로 수학을 공부하다가 많은 어려움 끝에 3차 방정식의 해법을 발견했다. 하지만 이 해법에 특별한 관심을 가지고 있던 카르다노가 타르탈리아에게 해법을 알아낸 후 그의 저서 『위대한 술법』을 통해 먼저 발표해버렸다.

3차 방정식의 근의 공식과 더불어 수학자 페라리가 4차 방정식의 근의 공식을 유도하는 데 성공했다. 하지만 수학자 아벨이 5차 이상의 방정식에서는 일반적인 근의 공식을 절대로 만들 수 없다는 것을 증명함으로써 더 이상의 근의 공식은 연구되지 않는다.

기하학

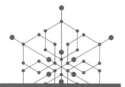

정의 기하학(幾何學, geometry)은 '도형에 관한 학문'이다. 그리스어로 'geo-'는 대지, '-metry'는 계측을 뜻하는 말에서 생겨났다. 징조, 기미, 희미한, 대략 등 여러 뜻을 지닌 '기(幾)'와 결합된 '기하(幾何)'는 "어느 정도"라는 뜻으로, 계측과 관련된 낱말이다.

서기전 3000~2000년경 이집트에서는 나일 강의 범람으로 엉망이 된 토지의 경계와 넓이를 계측하기 위해 농지, 토목, 건축에 필요한 측정과 측량을 하면서 도형을 연구하고 측량술을 발전시켰다. 서기전 1650년경 이집트의 아메스(Ahmes)가 쓴 『린드 파피루스(Rhind Papirus)』에 여러 가지 도형의 넓이를 구하거나 입체 도형의 부피를 구하는 문제들이 기록되어 있다. 하지만 당시에는 도형 자체의 성질에 대한 관찰보다 도형을 대상으로 한 계산법을 중시했기 때문에 논리적 체계가 결여되어 있다. 기하학을 실용기하에서부터 논증기하로 발전시킨 최초의 수학자는 그리스의 탈레스(Thales)다. 그 후 피타고라스

학파, 플라톤, 아리스토텔레스가 추론의 형식, 정의, 공리에 대해 연구하고 그 연역적 전개 방법을 확립했다.

해설 제논과 동료들이 철학적 논쟁을 벌이는 가운데 기하학적인 사고는 계속 발전했고 그에 따른 성과도 늘어갔다. 일례로 서기전 5세기 후반에 활약한 레우키포스는 공간을 물질을 넣는 용기로 인정하고 '무한히 넓은 공간'을 구상했다.

이런 성과들을 정리하고 해설한 교과서 중 특히 뛰어난 것이 서기전 3세기에 선보인 유클리드의 『원론(stoicheia)』이었다. 유클리드는 서기전 3세기 초에 알렉산드리아에서 활약한 수학자로, 프톨레마이오스 1세가 좀 더 쉬운 공부법이 없는지 묻자 "기하학에 왕도는 없다"고 대답했다는 일화로 유명하다.

✔️ 『원론』의 23가지 정의, 5가지 공준, 5가지 공리

■ 23가지 정의
  1. 점은 부분이 없는 것이다.
  2. 선은 폭이 없는 길이이다.
  3. 선의 끝은 점이다.
     ......
  23. 평행한 두 직선이란 동일한 평면상에 존재하며, 양 끝을 무한히 연장했을 때 어느 방향에서도 서로 만나지 않는 두 직선이다.

■ 5가지 공준
  1. 두 개의 다른 점을 지나는 직선은 하나만 존재한다.
  2. 직선은 양쪽으로 얼마든지 연장할 수 있다.
  3. 임의의 점을 중심으로 하는 임의의 반지름을 가진 원이 존재한다.

4. 모든 직각은 서로 같다.

5. 주어진 직선 밖을 지나면서 주어진 직선과 결코 만나지 않는 직
   선(평행선)은 하나만 그을 수 있다

■ 5가지 공리

1. 같은 것과 같은 것은 서로 같다.

2. 같은 것에 같은 것을 더하면 그 전체는 같다.

3. 같은 것에서 같은 것을 빼면 나머지는 같다.

4. 겹쳐 놓을 수 있는 것은 서로 같다.

5. 전체는 부분보다 크다.

『원론』의 내용은 대부분 기하학이어서 『기하학 원론』이라고도 한다.
전체 13권 모두 연역적 방법으로 정리되어 있는데, 1~6권은 평면도
형, 7~9권은 정수, 10권은 무리수, 11~13권은 입체도형을 다루고 있
다. 오늘날 수학 교과서의 내용 대부분은 이 『원론』을 바탕으로 삼고
있다.

그러나 1826년 러시아 수학자 니콜라이
로바체프스키(Nikolay I. Lobachevsky)
가 유클리드 평행선 공준을 반박하며
비유클리드 기하학 이론을 발표하였다.
이어 1831년 헝가리의 수학자 야노스
보요이(János Bolyai) 역시 "직선 밖의
한 점을 지나고 그 직선과 평행한 직선
은 오직 하나"라는 다섯 번째 공준에 이
의를 제기하고 비유클리드 기하학을 진
전시켰다.

| 니콜라이 로바체프스키

| 유클리드 기하학과 비유클리드 기하학의 비교 |

구 분	유클리드 기하학	비유클리드 기하학	
		쌍곡기하학	리만 기하학 (구면기하학)
창시자	유클리드	로바체프스키, 보요이	리만
삼각형의 내각의 합	180°	180° 보다 작다	180° 보다 크다
직선 밖의 한 점을 지나는 평행선의 수	1	무수히 많다	없다
곡률	0	음수	양수

| 베른하르트 리만

1854년 독일의 수학자 베른하르트 리만(Bernhard Riemann)은 3차원 유클리드 공간뿐 아니라 새로운 차원으로 확장하여 정리한 리만 기하학(구면기하학, spherical geometry)을 발표했다. 리만은 기하학을 곡면이 휘어진 정도를 나타내는 '곡률'로 구분했는데, 유클리드 기하학은 곡률을 0, 쌍곡기하학은 곡률을 음수, 구면기하학은 곡률을 양수라고 정의했다.

| 유클리드 『기하학 원론』의 원본

다각형과 예술

도형을 배울 때 처음에 점을 배우고, 다음에 선, 그 다음에 면, 나중에 각을 자연스럽게 배운다. 점, 선, 면, 각을 이루고 있는 다각형은 모든 도형의 기본이 된다. 휘어지지 않은 곡면이 아닌 평면 위의 모든 도형은 다각형과 원으로 이루어져 있기 때문이다. 다각형은 우리 주위의 자연에서 찾아볼 수 있고, 수많은 기하학적 문양도 자연에서 영감을 얻는다. 벌집 모양은 6각형, 코스모스 꽃잎 8장은 8각형, 네잎클로버의 4장의 잎은 4각형, 돌덩이의 모양에 따라 3각형, 4각형, 5각형 등도 찾아볼 수 있다.

다각형은 그림과 문화 속에 그 자신의 아름다움을 뽐내기도 한다. 네덜란드 출신 화가 몬드리안(Piet Mondrian, 1872~1944)은 격자형 그림, 3원색으로 칠한 정사각형과 직사각형, 수평선들과 수직선들을 교차하여 구성한 기하학적인 그림을 그린 추상화의 선구자다.

| 로마 바티칸 박물관 천장 문양 | 몬드리안의 빨강, 노랑, 파랑의 구성 |

대칭이동

정의 대칭이동(對稱移動, symmetric transformation)은 어떤 도형을 한 직선 또는 한 점에 대하여 대칭인 도형으로 이동하는 것이다.

해설 ✅ **도형의 대칭**

방정식 $f(x, y) = 0$이 나타내는 도형을

① x축에 대하여 대칭이동한 도형의 방정식은 $f(x, -y) = 0$

② y축에 대하여 대칭이동한 도형의 방정식은 $f(-x, y) = 0$

③ 원점에 대하여 대칭이동한 도형의 방정식은 $f(-x, -y) = 0$

④ 직선 $y = x$에 대하여 대칭이동한 도형의 방정식은 $f(y, x) = 0$

⑤ 직선 $y = -x$에 대하여 대칭이동한 도형의 방정식은 $f(-y, -x) = 0$

⑥ 직선 $x = a$에 대하여 대칭이동한 도형의 방정식은 $f(2a - x, y) = 0$

⑦ 직선 $y = b$에 대하여 대칭이동한 도형의 방정식은 $f(x, 2b - y) = 0$

⑧ 점 (a, b)에 대하여 대칭이동한 도형의 방정식은 $f(2a - x, 2b - y) = 0$

✅ 정의 대칭

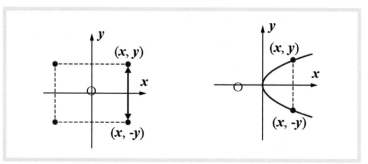

| X축 대칭

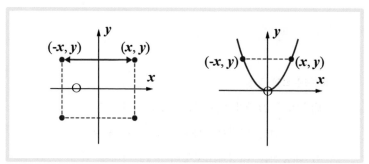

| Y축 대칭

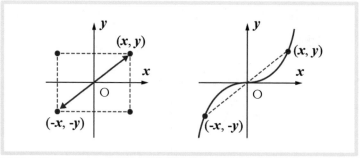

| 원점 대칭

대칭과 도형

❶ 선대칭도형은 어떤 직선에 의해 완전히 겹쳐지는 도형을 말한다. 선대칭도형의 대칭축은 도형에 따라서 그 개수가 달라진다. 선대칭도형의 대칭축의 개수는 다음과 같다.

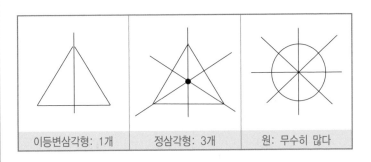

| 이등변삼각형: 1개 | 정삼각형: 3개 | 원: 무수히 많다 |

■ 선대칭도형의 성질

- 대응변의 길이와 대응각의 크기는 서로 같다.
- 각 대응점을 연결한 선분은 대칭축과 수직으로 만난다.
- 각 대응점은 대칭축으로부터 같은 거리에 있다.

❷ 두 개의 도형이 어떤 직선에 의해 완전히 겹쳐질 때 두 개의 도형을 어떤 직선에 대하여 선대칭의 위치에 있는 도형이라고 한다.

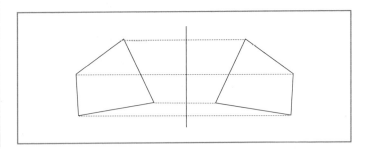

■ 선대칭 위치에 있는 도형의 성질

• 대응변의 길이와 대응각의 크기는 서로 같다.

• 각 대응점은 대칭축에서 같은 거리에 있다.

• 각각의 대응점을 연결한 선분은 대칭축과 수직으로 만난다.

❸ 점대칭도형은 원처럼 한 점을 중심으로 180° 돌렸을 때, 처음
도형과 완전히 겹쳐지는 도형을 말하고, 그 점을 대칭의 중심
이라고 한다. 점대칭도형에서 대칭의 중심은 오직 1개뿐이다.

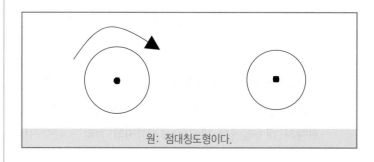

원: 점대칭도형이다.

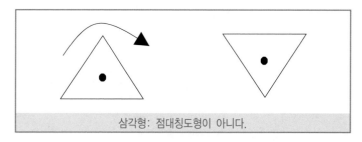

삼각형: 점대칭도형이 아니다.

■ 점대칭도형의 성질

• 대응변의 길이와 대응각의 크기는 서로 같다.

• 대응점을 이은 선분은 대칭의 중심에 의해 둘로 나뉜다.

대칭이동

❹ 한 점을 중심으로 180° 돌렸을 때, 완전히 겹쳐지는 두 도형은 점대칭의 위치에 있다고 하고, 두 도형을 점대칭의 위치에 있는 도형이라고 한다. 이때 그 점을 대칭의 중심이라고 한다.

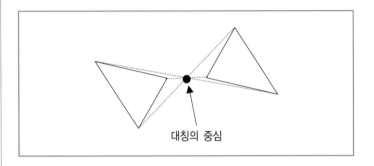

대칭의 중심

■ 점대칭의 위치에 있는 도형의 성질

• 대응변의 길이와 대응각의 크기는 서로 같다.
• 각각의 대응점에서 대칭의 중심까지의 거리는 각각 같다.

대푯값

정의 대푯값(representative value)은 자료의 특징이나 성질을 수치로 나타낸 값이다. 대량의 자료를 가능한 한 짧고 효율적으로 파악하고 축약하기 위해 대푯값이 존재한다. 평균값(산술평균), 중앙값, 최빈값, 절사평균 등이 대표적인 대푯값이다.

해설 1. 평균값(mean): 자료 수치의 합계를 자료 총수로 나눈 것이다.

55, 80, 85, 85, 90, 95, 100, 100의 평균값 m은
$$m = \frac{55+80+85+85+90+95+100+100}{8} = 86.25$$

가장 손쉽게 계산할 수 있는 방법이지만 극단적으로 크거나 작은 값이 있으면 그 영향을 받기 때문에 대푯값의 의미를 상실할 수 있다.

2. 최빈값(mode): 도수분포표에서 도수가 가장 큰 계급의 계급값을 의미한다. 다음 데이터는 두 개의 최빈값 2, 32가 존재한다.

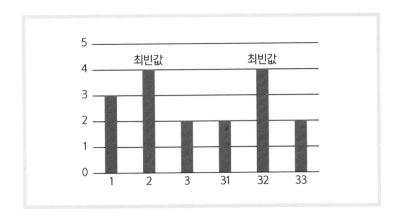

최빈값은 둘 이상이 있을 수도 있고 하나도 없을 수도 있다. 공장에서 옷이나 신발을 생산하는 경우 가장 많이 생산할 사이즈를 정해야 하므로 이 자료를 활용한다. 하지만 계급 2와 32의 도수는 같지만 자료의 관련성을 찾기가 어렵기 때문에 최빈값이 과연 이 자료의 대 푯값으로서 적합한지 고민해봐야 할 문제다.

3. 중앙값(median): 작은 수치부터 순서대로 나열했을 때 중간에 위 치하는 값을 의미한다. 만약 자료가 홀수이면 중앙에 있는 자료가 중앙값이지만, 자료의 개수가 짝수이면, 중앙 부근에 있는 두 개 자료 의 산술평균값이 중앙값이다.

18, 19, 20, 21, 22, 23, 23, 100, 102
중앙값은 22

대푯값과 해석

만약 평균 점수를 중앙값으로 정했다면, 학생의 절반은 그보다 높은 점수를 받고, 나머지 절반은 그보다 낮은 점수를 받는다는 뜻이다. 최빈값은 자료의 중심에 가까운 수라는 의미는 없다. 단지 어떤 점수를 받은 학생이 가장 많은가를 보여준다. 따라서 내가 보고 있는 통계자료가 어떤 대푯값을 사용했는지에 따라 해석의 차이가 생긴다.

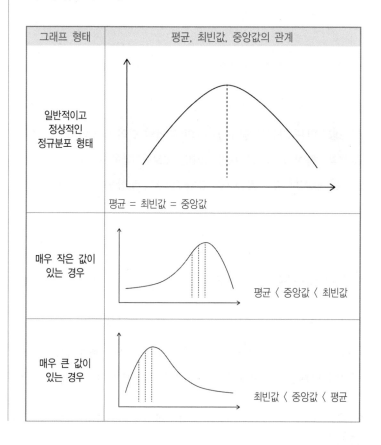

그래프 형태	평균, 최빈값, 중앙값의 관계
일반적이고 정상적인 정규분포 형태	평균 = 최빈값 = 중앙값
매우 작은 값이 있는 경우	평균 〈 중앙값 〈 최빈값
매우 큰 값이 있는 경우	최빈값 〈 중앙값 〈 평균

도함수

정의 미분 가능한 함수 $f(x)$의 정의역 안의 임의의 원소 x에 대하여 $f'(x)$를 대응시키면 새로운 함수 $f' : x \longrightarrow f'(x)$가 성립된다. 이때 함수 $f'(x)$를 함수 $f(x)$의 도함수(導函數, derivative)라고 한다.

미분계수 $f'(a) = \lim\limits_{\Delta x \to 0} \dfrac{f(a+\Delta x)-f(a)}{\Delta x}$에서 a를 변수 x로 바꾸어

놓은 새로운 함수 $f'(x) = \lim\limits_{\Delta x \to 0} \dfrac{f(x+\Delta x)-f(x)}{\Delta x}$를 $f(x)$의 도함수

라고 하며, 기호 y', $f'(x)$, $\dfrac{dy}{dx}$, $\dfrac{d}{dx}f(x)$로 나타낸다.

또한 함수 $f(x)$에서 도함수 $f'(x)$를 구하는 것을 함수 $f(x)$를 x에 대하여 미분한다고 하고, 그 계산법을 미분법이라고 한다.

해설 함수 $f(x) = x^2 + x$의 도함수와 $x = 1$에서의 미분계수를 구해보자.

도함수 $f'(x)$는

$$f'(x) = \lim_{\Delta x \to 0} \frac{f(x+\Delta x) - f(x)}{\Delta x}$$

$$= \lim_{\Delta x \to 0} \frac{\{(x+\Delta x)^2 + (x+\Delta x)\} - (x^2+x)}{\Delta x}$$

$$= \lim_{\Delta x \to 0} \frac{2x\Delta x + (\Delta x)^2 + \Delta x}{\Delta x} = \lim_{\Delta x \to 0} (2x + \Delta x + 1)$$

$$= 2x + 1$$

$x=1$에서의 미분계수 $f'(1) = 2 \cdot 1 + 1 = 3$

미분법의 공식

응.용.하.기.

두 함수 $f(x)$, $g(x)$, $h(x)$가 미분 가능할 때,

① $y = x^n$ (n은 자연수)이면 $y' = nx^{n-1}$

② $y = c$ (c는 상수)이면 $y' = 0$

③ $y = f(x)g(x)$이면 $y' = f'(x)g(x) + f(x)g'(x)$

④ $y = cf(x)$이면 $y' = cf'(x)$ (단, c는 상수)

⑤ $y = f(x) + g(x)$이면 $y' = f'(x) + g'(x)$

⑥ $y = f(x) - g(x)$이면 $y' = f'(x) - g'(x)$

⑦ $y = \{f(x)\}^n$이면 $y' = n\{f(x)\}^{n-1} \cdot f'(x)$

⑧ $y = f(x)g(x)h(x)$이면

$$y' = f'(x)g(x)h(x) + f(x)g'(x)h(x) + f(x)g(x)h'(x)$$

⑨ $y = \dfrac{f(x)}{g(x)}$ $(g(x) \neq 0)$이면 $y' = \dfrac{f'(x)g(x) - f(x)g'(x)}{\{g(x)\}^2}$

⑩ $y = f(g(x))$이면 $y' = f'(g(x))g'(x)$

⑪ $y = f(ax+b)$이면 $y' = af'(ax+b)$

도함수

⑫ $y = f^{-1}(x)$이면 $y' = \dfrac{1}{f'(f^{-1}(x))} = \dfrac{1}{f'(y)}$ (단, f^{-1}이 존재)

⑬ $y = \sin x$이면 $y' = \cos x$

⑭ $y = \cos x$이면 $y' = -\sin x$

⑮ $y = \tan x$이면 $y' = \sec^2 x$

⑯ $y = \cot x$이면 $y' = -\csc^2 x$

⑰ $y = \sec x$이면 $y' = \sec x \tan x$

⑱ $y = \csc x$이면 $y' = -\csc x \cot x$

⑲ $y = e^x$이면 $y' = e^x$

⑳ $y = a^x$이면 $y' = a^x \ln a$

㉑ $y = \ln|x|$이면 $y' = \dfrac{1}{x}$

㉒ $y = \log_a |x|$이면 $y' = \dfrac{1}{x \ln a}$

㉓ $x = f(t)$, $y = g(t)$가 미분 가능하고 $f'(t) \neq 0$일 때,

$$\frac{dy}{dx} = \frac{\dfrac{dy}{dt}}{\dfrac{dx}{dt}} = \frac{g'(t)}{f'(t)}$$

로그

정의 $a > 0$, $a \neq 1$일 때, 양수 N에 대하여 $a^x = N$을 만족하는 실수 x는 오직 하나 존재한다. 이 실수 x의 값을 $x = \log_a N$과 같이 나타내고, a를 밑으로 하는 N의 로그(logarithm)라고 한다. 이 때 N을 $\log_a N$의 진수라고 한다.

$$x = \log_a N$$

(a: 밑, N: 진수)

해설

❶ 로그의 기본 성질

$a \neq 1, a > 0, x > 0, y > 0$일 때,

- $\log_a a = 1$, $\log_a 1 = 0$
- $\log_a xy = \log_a x + \log_a y$

- $\log_a \dfrac{x}{y} = \log_a x - \log_a y$

- $\log_{a^p} x^q = \dfrac{q}{p} log_a x \quad (p, q\text{는 실수})$

❷ **밑 변환 공식 → 로그의 밑을 같게 만들어라.**

$a \neq 1, a > 0, b > 0$일 때,

- $\log_a b = \dfrac{\log_c b}{\log_c a} \quad (c \neq 1, c > 0)$

- $\log_a b = \dfrac{1}{\log_b a} \quad (b \neq 1)$

❸ 상용로그: 밑이 10인 로그를 상용로그(common logarithm)라 하고, 밑을 생략한다.

$$N = 10^x \iff x = \log_{10} N = \log N$$

- $\log N = n + \alpha$일 때, n은 정수, $0 \leq \alpha < 1$이다.

  이때 n을 지표, α를 가수라고 한다.

  $n > 0$인 정수면 N은 $n+1$ 자리수고, $n = 0$이면 N은 한 자리수고, $n < 0$인 정수면 N은 소수점 아래 n자리에서 처음으로 0이 아닌 수가 나타난다.

  예) $\log 31.4 = 1.4969 = 1 + 0.4969$이고, 1은 지표, 0.4969는 가수다.

    $\log 0.0314 = -1.5031 = -1 - 0.5031 = -2 + 0.4969$이고,

    -2는 지표, 0.4969는 가수다.

- 가수의 성질: 숫자의 배열이 같고 소수점 위치만 다른 수의 상용로그의 가수는 모두 같다.

❹ 로그함수:

지수함수 $y = a^x \ (a \neq 1, a > 0)$의 역함수 $y = \log_a x \ (a \neq 1, a > 0)$
를 a를 밑으로 하는 함수를 말한다.

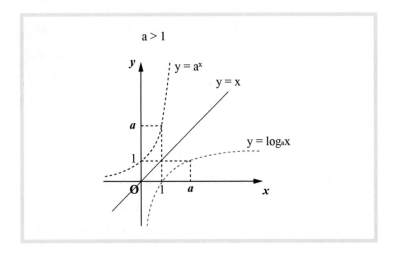

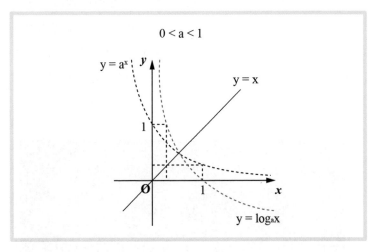

로그함수와 지수함수

천문학이 발달되면서 행성 간의 거리 계산이나 질량을 계산하게 되었고, 사용된 수는 엄청나게 큰 수일 수밖에 없었다. 영국의 수학자 존 네이피어(John Napier, 1550~1617)는 이런 천문학자들의 불편을 최소화할 수 있는 로그(log)를 발명했다. 그리스어인 logos(비율)와 arithmos(수)의 합성어인 로그(log)는 거듭제곱과 함께 큰 수를 간단하게 나타낼 수 있는 효율적인 방법이었다. 존 네이피어가 로그를 만든 것은 많은 천문학자들이 행성을 연구하는데 큰 도움을 주었다.

존 네이피어는 아주 뛰어난 수학자는 아니었지만 등비수열을 등차수열로 바꾸는 로그를 만들어낸 것으로 수학사에 영원히 이름을 새겨 넣었다. 그는 자동으로 곱셈, 나눗셈, 제곱근을 구하는데 사용하는 '네이피어의 막대' 또는 '네이피어의 뼈'라고 알려진 도구를 발명했다. 오늘날의 눈으로 보면 별것 아닌 것으로 생각되겠지만 아무리 간단한 것도 남들보다 먼저 처음으로 생각해내는 일은 아무나 할 수 있는 것이 아니다. 네이피어의 막대는 구구단을 적은 것에 불과하지만 이 간단한 막대가 곱셈을 덧셈으로 바꿔주기에 복잡한 계산을 간단하게 할 수 있다.

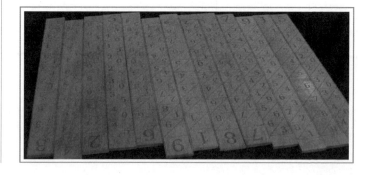

로그함수 발견에는 아름다운 우연 하나가 있다. 덴마크 천문학자 티코 브라헤가 폭풍우 때문에 천문대에 묵게 된 영국의 왕자에게 이 계산법을 소개해주었다. 이를 눈여겨 본 것은 왕자의 주치의인 존 크레이그였고, 그는 그의 친구인 존 네이피어에게 알려주어 그 후 네이피어는 20년을 연구하여 새로운 개념인 로그를 제안하고 로그함수의 개념과 계산표를 제시했다. 그 후 오일러가 로그함수를 기반으로 지수함수를 제안한 것이다. 교과서에는 지수함수, 로그함수 순으로 나오지만 발견 순서는 반대라는 것이 재미있다.

뫼비우스의 띠

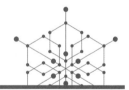

정의　뫼비우스의 띠(mobius strip)는 안과 밖의 구별이 없는 도형으로 경계가 하나밖에 없는 2차원 도형이다. 즉, 안과 밖의 구별이 없다. 종이를 길게 잘라서 띠를 만든 후 종이 띠의 양 끝을 그냥 풀로 붙이면 도넛 모양의 토러스가 되는데, 한 번 꼬아 붙이면 뫼비우스의 띠가 된다. 1858년 독일의 수학자 페르디난트 뫼비우스(August Ferdinand Möbius, 1970~1868)가 발견한 것이다.

해설　오른쪽 그림은 재활용을 상징하는 마크다. 자세히 보면 뫼비우스의 띠다. 뫼비우스의 띠는 어느 지점에서 띠의 중심을 따라 이동하면 출발한 곳과 반대 면에 도달할 수 있다. 이 상황에서 계속 나아가면 두 바퀴를 돌아 처

음 위치로 돌아오게 되는데 이러한 연속성에 의해 뫼비우스의 띠는 단일 경계를 갖게 된다. 이런 이유에서 재활용 마크로 뫼비우스의 띠는 충분히 훌륭하다.

띠의 중심을 따라 뫼비우스의 띠를 자르면 두 개의 띠로 분리되는 것이 아니라, 단일한 두 번 꼬인 띠가 된다. 이것은 뫼비우스의 띠가 단일한 경계를 가지고 있기 때문인데 자르기를 하면 두 번째 경계가 생겨나는 것이다.

| 종이로 뫼비우스의 띠 만들기

띠의 중심을 따라 $\frac{1}{3}$씩 평행한 두 줄로 자르면 두 개의 띠로 분리된다. 하나는 동일한 길이의 뫼비우스의 띠가 되고, 다른 하나는 두 배의 길이로 두 번 꼬인 띠가 된다.

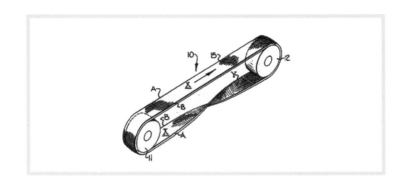

실제 생활에서는 떡집에 떡가래 뽑는 기계의 벨트나 에스컬레이터 손잡는 부분의 벨트에 뫼비우스의 띠가 쓰인다. 안팎을 고루 사용하여 벨트를 오래 사용할 수 있기 때문이다.

벨기에 건축가 빈센트 칼보의 디자인

영국의 작가 니키 스티븐스가 제작한 뫼비우스 계단

| 실제 생활에서 뫼비우스 찾기

클라인병, 4차원 초입체 도형

뫼비우스 띠의 발견 이야기는 유명하다. 해변으로 휴가를 떠난 뫼비우스는 파리 때문에 잠을 이루지 못하게 되자 양면에 접착제를 바른 띠를 한 번 꼬아 양끝을 서로 연결한 뒤에 걸어 두고 숙면을 취했다. 아침에 일어나서 띠에 잔뜩 붙어 있는 파리를 보았고, 그 띠가 놀랍게도 단 한 개의 면을 가지고 있는 특이한 모양이라는 것을 알게 되었다. 그것이 바로 뫼비우스의 띠다.

클라인병(klein bottle)은 두 개의 뫼비우스의 띠의 경계를 붙여서 만든 2차원 곡면으로 방향을 정할 수 없다. 독일의 수학자 펠릭스 클라인(felix klein, 1849~1925)은 면이 단 하나밖에 없는 특수한 항아리의 위상기하학적 모델을 만들어냈다. 클라인병은 바깥은 있는데 안이 없고, 자신이 자신을 관통하고 있다. 안과 바깥의 구별이 없기 때문에 클라인 병을 따라가다 보면 뒷면으로 갈 수 있다. 클라인병은 4차원 초입체 도형이다.

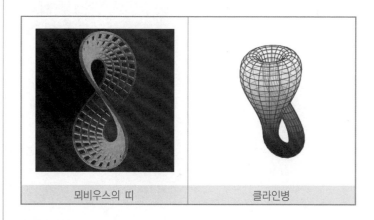

| 뫼비우스의 띠 | 클라인병 |

뫼비우스의 띠와 같은 기본 주제를 가지고 여러 작품을 내놓은 네덜란드의 화가 모리츠 코르넬리스 에셔(Maurits Cornelis Escher,

1898~1972)의 작품을 감상해보자.

〈불개미〉는 뫼비우스의 띠 위에 불개미를 그려 넣어 개미가 뫼비우스의 특성에 따라 끝없이 돌아도 제자리에 돌아온다는 것을 보여준다. 또 〈그리는 손〉은 두 손이 서로를 그리고 있어 어느 손이 어느 손을 그리는지 알 수 없다.

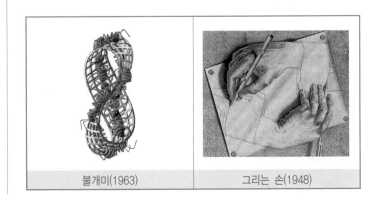

| 불개미(1963) | 그리는 손(1948) |

무리수

정의 유리수가 아닌 수를 무리수(無理數, irrational number)라고 하고, 무리수는 순환하지 않는 무한소수로 나타내는 수다.

해설 0이 아닌 유리수는 유한소수 또는 순환소수로 나타낼 수 있고, 유한소수와 순환소수로 나타낼 수 있는 수는 유리수다. 그런데 유리수가 아닌 수를 소수로 나타내면 그 수는 π와 같이 유한소수 또는 순환소수로 나타낼 수 없는 수, 즉 순환하지 않는 무한소수가 된다. 예를 들어 계산기에서 2, $\sqrt{}$ 를 차례로 눌러 $\sqrt{2}$ 의 근삿값을 구하면 $\sqrt{2} = 1.414213562373095048\cdots\cdots$이다.

무리수의 어원은 그리스어 로고스(logos)의 반대말인 알로고스(alogos)로, "비가 아님, 말할 수 없음"이라는 뜻을 갖는다. 이는 피타고라스 학파의 내부에서 무리수의 존재에 대한 비밀을 지키려는 그들의 맹세를 반영한 것으로 어원을 통해 그 당시에 무리수가 어떤 존재였는지 짐작할 수 있다.

수직선은 유리수와 무리수에 대응하는 모든 점으로 가득 차게 되는데 이처럼 유리수와 무리수를 합한 수를 실수(實數)라고 한다.

제곱근과 루트

어떤 수 x를 제곱하여 a가 될 때, 즉 $x^2 = a$일 때 x를 a의 제곱근이라고 한다. 그렇다면 $x^2 = 2$를 만족하는 x의 값은 근호($\sqrt{}$)를 사용하여 나타낼 수 있다. 이때 두 개의 x의 값 중 $\sqrt{2}$ 는 양의 제곱근, $-\sqrt{2}$ 는 음의 제곱근이라고 한다.

종이를 이용하여 무리수 $\sqrt{2}$ 를 확인해보자. 한 변의 길이가 1인 정사각형 두 개를 대각선으로 잘라 직각인 꼭짓점을 맞대어 새로운 정사각형을 만들 수 있다.

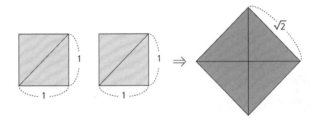

이 새로운 정사각형의 넓이는 2가 되고, 한 변의 길이를 x라고 가정하면, $x^2 = 2$가 된다. 그러므로 2의 양의 제곱근 $\sqrt{2}$ 가 한 변의 길이가 된다. 이 활동을 통해 유리수로 표현되지 않는 수도 있다는 것을 직관적으로 알게 된다.

무리수를 나타내는 루트($\sqrt{}$)는 영어 root의 r자가 변형된 것이고 아라비아에서는 radix라고 불렀다.

수의 집합을 나타내는 문자

자연수의 집합 N은 영어 Natural number의 첫 글자, 정수 (Integer)의 집합 Z는 수를 나타내는 독일어 Zahlem의 첫 글자,

유리수(Rational number)의 집합 Q는 몫을 나타내는 영어 Quotient 의 첫 글자, 무리수의 집합 I는 영어 Irrational number의 첫 글자, 실수의 집합 R은 영어 Real number의 첫 글자다.

무리수 π

유명한 무리수는 π이다. 프 랑스의 수학자이자 선교사 인 자르투가 세계 최초로 원둘레와 지름 간에 길이의 비율인 원주율 3.14를 고안 했다. 파이(π), 즉 원주율은 원의 원주의 길이를 지름의 길이로 나눈 값이다. 원주

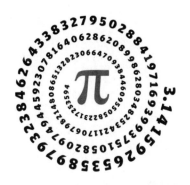

율은 3.141592653589…로 원의 크기에 관계없이 항상 일정하며, 계속되는 무리수이기에 3.14라는 근삿값으로 사용한다. 1706년 에 영국의 수학자 존스(William Jones)의 책에서 처음으로 기호 π가 원주율을 의미하는 것으로 사용되었다. 원주율을 파이(pi)라 고 부르는 이유는 둘레를 뜻하는 그리스어의 머리글자 "파이(pi)" 를 땄기 때문이다. 원주율인 3.14의 숫자가 3월 14일의 숫자와 같기 때문에 수학계에서는 이 날을 '파이데이'라고 부른다. 파이 데이에 세계 각지에서 π값 많이 외우기, 원주율 체험하기, 생활 속 π 숫자 찾기 등 다양한 행사가 펼쳐진다.

무한대

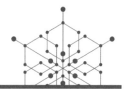

정의 무한대(無限大, infinity)는 어떤 실수나 자연수보다도 더 큰 상태(기호로 ∞)다. +∞를 양의 무한대, -∞를 음의 무한대라고 하며 +∞를 간단히 ∞라 쓰고 무한대라고 하기도 한다.

해설 무한대는 수가 아니라 상태를 의미한다. $n \to \infty$이고, 수열 $a_n \to \infty$과, $b_n \to \infty$이며, $\frac{a_n}{b_n} \to \infty$이면, 수열 a_n은 b_n보다 고위 (高位)의 무한대, 수열 b_n은 a_n보다 저위(低位)의 무한대라고 한다. 또 $\frac{a_n}{b_n}$ 및 $\frac{b_n}{a_n}$ 모두가 유계(有界)이면 수열 a_n과 b_n은 동위(同位)의 무한대라고 한다.

무한대의 신비와 수학의 본질

1655년 옥스퍼드 대학의 존 월리스(John Wallis) 교수가 처음으로 ∞를 무한대의 의미로 사용했다. 월리스는 ∞를 무한대 기호로 선택한 이유를 따로 설명하지 않았지만, 사람들은 1000을 나타내는 옛 로마 숫자 CI 또는 C에서 유래했을 것으로 추측했다. ∞가 그리스의 알파벳 오메가(ω)에서 유래했다는 설도 있는데 이것은 오메가가 흔히 끝을 상징하는 알파벳이고, ∞와도 그 모습이 비슷하기 때문이다. 1713년 베르누이(J. Bernoulli)가 사용하면서 일반화되었다.

독일의 수학자 힐베르트(david hilbert, 1862~1942)는 무한대가 지닌 신비한 성질을 이용해 지구가 아닌 무한한 우주에 위치한 '힐베르트 호텔'을 광고했다. 이 호텔에는 무한개의 객실이 있다. 어느 날 호텔에 한 손님이 찾아왔는데 객실이 무한개 있음에도 불구하고 방마다 모두 투숙객이 있어 빈 방을 내줄 수 없었다. 그런데 호텔 종업원인 힐베르트는 잠시 생각한 후에 객실로 올라가 모든 투숙객에게 옆방으로 한 칸씩 이동해주길 부탁했다. 투숙객들은 모두 옆방으로 옮겼고, 새로 온 손님은 비어 있는 1호실로 들어갔다. 무한대에 1을 더해도 여전히 무한대이기 때문이다. 그런데 다음 날 무한대의 손님들이 새로 도착했고 객실은 모두 차 있었다. 힐베르트는 이번에 투숙객들에게 묵고 있는 객실 번호에 2를 곱해서 그 번호에 해당되는 객실로 옮겨주길 부탁했다. 그래서 1호실 손님은 2호실로, 2호실 손님은 4호실로, 3호실 손님은 6호실로, …… 이동했다. 모든 객실 손님들이 이동을 하고 호텔에는 1호실, 3호실, 5호실, …… 등 모든 홀수 번호의 무한개의 빈 객실이 생겼다. 힐베르트의 호텔에 새로 도착한 무한대의 손님들은 홀수 번호에 붙어 있는 무한개의 객실로 모두 배정되었다. 왜냐하면 무한대에 2를 곱해도 여전히 무한대이기 때문이다.

게오르크 칸토어

게오르크 칸토어(Georg Cantor, 1845~1918)는 집합론을 연구했는데 무한의 개념을 설명하기 위해서였다. 그는 집합간의 일대일 대응을 중요하게 생각했고 계속된 연구로 자연수보다 실수가 훨씬 많음을 증명해냈다. 또한 자연수도 무한개이고 실수도 무한개인데 무한한 두 집합끼리 빼도 여전히 무한개임을 설명했다.

하지만 그 당시의 수학자들에게는 비난의 대상이 되었고, 그리하여 칸토어는 홀로 수많은 비판자와 싸워야 했으며 결국은 정신병원에서 사망했다.

"수학의 본질은 자유에 있다"고 말한 칸토어처럼 상식을 뒤집어 생각을 전환할 때 위대한 발견을 할 수 있다.

무한등비수열

정의 $a,\ ar,\ ar^2,\ \cdots,\ ar^n,\ \cdots$과 같이 무한수열이 등비수열일 때, 이 수열을 무한등비수열(無限等比數列, infinite geometric sequence)이라고 한다.

해설

☑ **무한등비수열의 수렴과 발산**

무한등비수열 $\{r^n\}$은 r의 크기에 따라 수렴과 발산을 달리한다.

❶ $r>1$일 때 $\displaystyle\lim_{n\to\infty} r^n = \infty$ (발산)

❷ $r=1$일 때 $\displaystyle\lim_{n\to\infty} r^n = 1$ (수렴)

❸ $|r|<1$일 때 $\displaystyle\lim_{n\to\infty} r^n = 0$ (수렴)

❹ $r\leq-1$일 때 진동 (발산)

무한등비수열 $\{r^n\}$에서

① $r > 1$일 때, $r = 1 + h\ (h > 0)$로 놓으면 수학적 귀납법에 따라

   $(1 + h)^n > 1 + nh\ (n \geq 2)$가 성립하므로 $r^n > 1 + nh$

   그런데 $\lim\limits_{n \to \infty} (1 + nh) = \infty$이므로 $\lim\limits_{n \to \infty} r^n = \infty$

② $r = 1$일 때, 모든 n에 대하여 $r^n = 1$이므로 $\lim\limits_{n \to \infty} r^n = 1$

③ $-1 < r < 1$일 때,

   $r = 0$이면 모든 n에 대해 $r^n = 0$이므로 $\lim\limits_{n \to \infty} r^n = 0$

   $r \neq 0$이면 $\dfrac{1}{|r|} > 1$이므로 ①에 따라

   $\lim\limits_{n \to \infty} \dfrac{1}{|r^n|} = \lim\limits_{n \to \infty} \left(\dfrac{1}{|r|} \right)^n = \infty$

   그러므로 $\lim\limits_{n \to \infty} |r^n| = \lim\limits_{n \to \infty} \dfrac{1}{\left(\dfrac{1}{|r|} \right)^n} = 0$, 즉 $\lim\limits_{n \to \infty} r^n = 0$

④ $r = -1$일 때, $r^n = (-1)^n$이므로 수열 $\{r^n\}$은 진동한다.

⑤ $r < -1$일 때, $|r| > 1$이므로 $\lim\limits_{n \to \infty} |r^n| = \infty$

   항의 부호가 교대로 바뀌므로 수열 $\{r^n\}$은 진동한다.

그렇다면 무한등비수열의 각 항을 무한히 더하면 어떨까?

첫째 항이 $a(a \neq 0)$, 공비가 r인 무한등비수열에서 얻은 무한급수

$\displaystyle\sum_{n=1}^{\infty} ar^{n-1} = a + ar + ar^2 + \cdots + ar^{n-1} + \cdots\cdots$ 을 첫째 항이 a, 공비가 r인

무한등비급수라고 한다.

✅ 무한등비급수의 수렴과 발산

무한등비급수 $\sum\limits_{n=1}^{\infty} ar^{n-1} = a + ar + ar^2 + \cdots + ar^{n-1} + \cdots\cdots \ (a \neq 0)$ 은

❶ $|r| < 1$이면 수렴하고, 그 합은 $\dfrac{a}{1-r}$ 이다.

❷ $|r| \geq 1$이면 발산한다.

무한등비급수 $\sum\limits_{n=1}^{\infty} ar^{n-1} = a + ar + ar^2 + \cdots + ar^{n-1} + \cdots\cdots \ (a \neq 0)$ 의 제

n항까지의 부분합을 S_n이라고 하면 $S_n = a + ar + ar^2 + \cdots\cdots + ar^{n-1}$

여기서 $r = 1$이면 $S_n = na$

$$r \neq 1 \text{이면} \quad S_n = \frac{a(1-r^n)}{1-r} = \frac{a}{1-r} - \frac{a}{1-r}r^n$$

❶ $|r| < 1$일 때, $\lim\limits_{n \to \infty} r^n = 0$이므로 $\lim\limits_{n \to \infty} S_n = \lim\limits_{n \to \infty}\left(\dfrac{a}{1-r} - \dfrac{a}{1-r}r^n\right) = \dfrac{a}{1-r}$

그러므로 $\sum\limits_{n=1}^{\infty} ar^{n-1}$은 수렴하고, 그 합은 $\dfrac{a}{1-r}$ 이다.

❷ $r = 1$일 때, $S_n = na$이므로 $\sum\limits_{n=1}^{\infty} ar^{n-1}$은 발산한다.

❸ $r > 1$ 또는 $r \leq -1$일 때, 수열 $\{r^n\}$이 발산하므로 $\sum\limits_{n=1}^{\infty} ar^{n-1}$은

발산한다.

무한등비수열

미분계수

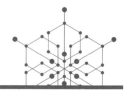

정의 함수 $y = f(x)$에서 x의 값이 a에서 $a + \Delta x$까지 변할 때의 평균변화율은 $\dfrac{\Delta y}{\Delta x} = \dfrac{f(a + \Delta x) - f(a)}{\Delta x}$ 이다.

여기서 $\Delta x \to 0$일 때 $\displaystyle\lim_{\Delta x \to 0} \dfrac{\Delta y}{\Delta x} = \lim_{\Delta x \to 0} \dfrac{f(a + \Delta x) - f(a)}{\Delta x}$ 의 값이 존재하면 함수 $y = f(x)$는 $x = a$에서 미분 가능하다고 한다. 이때 이 극한값을 함수 $y = f(x)$의 $x = a$에서의 순간변화율 또는 미분계수(微分係數, differential coefficient)라 하고, 기호 $f'(a)$로 나타낸다.

함수 $y = f(x)$에서 $x = a$에서의 미분계수는
$$
\begin{aligned}
f'(a) &= \lim_{\Delta x \to 0} \frac{\Delta y}{\Delta x} \\
&= \lim_{\Delta x \to 0} \frac{f(a + \Delta x) - f(a)}{\Delta x} \\
&= \lim_{x \to a} \frac{f(x) - f(a)}{x - a}
\end{aligned}
$$

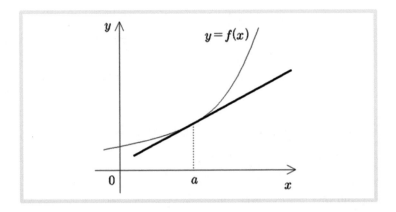

해설 미분계수 $f'(a)$는 평균변화율의 극한값으로 $x=a$에서의 순간변화율을 의미하며, 이것은 $x=a$에서의 접선의 기울기이다.
함수 $y=f(x)$가 어떤 구간에 속하는 모든 x에서 미분가능하면 함수 $y=f(x)$는 그 구간에서 미분가능하다고 한다. 또한 함수 $y=f(x)$가 정의역에 속하는 모든 x에서 미분가능할 때, 함수 $y=f(x)$를 미분가능한 함수라고 한다.

예) 함수 $f(x)=x^2+2x-5$ 의 $x=1$에서의 미분계수를 구해보자.

$$f'(1) = \lim_{\Delta x \to 0} \frac{f(1+\Delta x)-f(1)}{\Delta x}$$

$$= \lim_{\Delta x \to 0} \frac{\{(1+\Delta x)^2 + 2(1+\Delta x) - 5\} - (1^2 + 2 \cdot 1 - 5)}{\Delta x}$$

$$= \lim_{\Delta x \to 0} \frac{(\Delta x)^2 + 4\Delta x}{\Delta x}$$

$$= \lim_{\Delta x \to 0} (4 + \Delta x) = 4$$

미분계수

함수의 미분가능과 연속 사이의 관계

함수 $f(x)$에 대하여

$x=a$에서 미분가능 $\underset{\Longleftarrow}{\overset{\Longrightarrow}{}}$ $x=a$에서 연속

함수 $y=f(x)$가 $x=a$에서 미분가능하면 미분계수

$f'(a) = \lim\limits_{\Delta x \to 0} \dfrac{f(a+\Delta x)-f(a)}{\Delta x}$ 가 존재하므로

$\lim\limits_{\Delta x \to 0} \{f(a+\Delta x)-f(a)\} = \lim\limits_{\Delta x \to 0} \dfrac{f(a+\Delta x)-f(a)}{\Delta x} \cdot \Delta x$

$= \lim\limits_{\Delta x \to 0} \dfrac{f(a+\Delta x)-f(a)}{\Delta x} \cdot \lim\limits_{\Delta x \to 0} \Delta x = f'(a) \cdot 0 = 0$이다.

그러므로 $\lim\limits_{\Delta x \to 0} f(a+\Delta x) = f(a)$, 즉 $\lim\limits_{x \to a} f(x) = f(a)$이다. 따라서 함수 $y=f(x)$가 $x=a$에서 미분가능하면 이 함수는 $x=a$에서 연속이다. 그러나 함수 $y=f(x)$가 $x=a$에서 연속이라고 해서 이 함수가 반드시 $x=0$에서 미분가능하다고는 할 수 없다.

예를 들어 $y=|x|$는 $x=a$에서 연속이지만 $f'(0)$은 존재하지 않는다.

스트링 아트

스트링 아트는 단순한 직선들이 일정한 규칙을 갖고 모여 곡선으로 변신하는 아름다움을 표현하는 활동이다. 다음의 그림을 보면, 직선들이 모여서 곡선 모양을 만드는 것을 볼 수 있다. 이때 그려진 선분은 만들어진 곡선의 접선이다. 그러므로 스트링 아트는 곡선 위의 점에서의 접선을 그려서 그 곡선이 드러나게 하는 예술이라고 할 수 있다.

이와 같이 일정한 규칙에 따라 선을 연결하면 아름다운 스트링아트를 만들 수 있다. 다음의 스트링 아트 작품을 감상해 보자.

응용하기

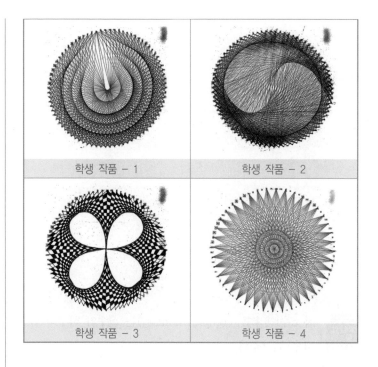

학생 작품 - 1

학생 작품 - 2

학생 작품 - 3

학생 작품 - 4

뉴턴의 미분법

미분법을 맨 먼저 발견한 사람은 영국의 물리학자 뉴턴(Isaac Newton, 1642~1727)이지만 맨 먼저 발표한 사람은 라이프니츠이다. 뉴턴은 자신의 연구 결과가 남들에게 도용당하거나 비판받는 것을 두려워해서 새로운 발견을 하더라도 발표하는 일을 꺼려했다. 미분은 실생활에 많이 사용되고 있는데, 특히 자동차 무인 단속 카메라가 미분의 원리를 이용한 것이다. 자동차가 두 개의 센서 사이를 통과할 때 속도의 변화값을 측정해 과속 여부를 결정한다. 미분은 포탄의 궤적, 파도의 출렁임, 행성의 움직임과의 관계 등 수많은 자연법칙을 설명해준다.

복소수

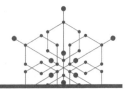

정의 복소수(複素數, complex number)는 실수와 허수의 합으로 이루어진 수다.

해설 2차 방정식 $x^2 = 1$은 유리수의 범위에서 해를 갖고, 2차 방정식 $x^2 = 2$는 유리수의 범위에서는 해를 갖지 않지만 실수의 범위에서는 해를 갖는다. 그러나 2차 방정식 $x^2 = -1$은 실수의 범위에서도 해를 갖지 않는다. 따라서 이 방정식이 해를 갖도록 하기 위해서는 수의 범위를 확장해야 한다.

제곱하여 -1이 되는 새로운 수를 기호 i로 나타내고, $i^2 = -1 \ (i = \sqrt{-1})$이다. 이때 i를 허수단위라고 한다. 실수와 허수단위 i를 결합하여 임의의 실수 a, b에 대하여 $a + bi$의 꼴로 나타내는 수를 복소수라 한다.

$$복소수\ a+bi \begin{cases} 실수\ (b=0) \\ 허수\ (b\neq 0) \end{cases} (단,\ a, b는\ 실수)$$

예) 복소수 $1+3i$의 실수 부분은 1, 허수 부분은 3이다.
　　복소수 5는 실수, 복소수 $3-2i$, $4i$는 허수다.

복소수의 탄생

이탈리아 수학자 카르다노(Girolamo Cardano, 1501~1576)가 3차
방정식의 근의 공식을 구하는 과정에서 제곱해서 음수가 되어야
하는 경우가 생겼고, 제곱해서 음수가 되는 어떤 수가 있다고 가
정하고 계산하게 되었다. 그렇다고 해서 카르다노가 복소수 개념
을 이해하고 정리한 것은 아니었다. 카르다노는 『아르스 마그나
(위대한 기본)』라는 책에서 3차 방정식의 근의 공식에 대해 다루
며 음의 제곱근을 수처럼 다루었다. 아직 음수도 수로 인정하지
않던 유럽에서는 대단한 일이었으나 카르다노는 이 수를 진짜 수
로 생각지 않고 단지 '계산 중간에 나타나는 형식적인 조작'이라고
취급했으며, 한동안 허수는 '말도 안 되는 수'로 생각되었다.

17세기 프랑스의 수학자 데카르트(Rene Descartes, 1596~1650)
는 좌표평면에 나타낼 수 없는 음수의 제곱근에게 '허수(虛數,
nombre imaginaire)'라는 이름을 붙여 주었는데 '상상의 수', '가짜
수'를 의미한다. 이것이 허수(imaginary number)의 어원이 되었다.
스위스 수학자 오일러(Leonhard Euler, 1707~1783)는 제곱하여
-1이 되는 수를 문자 i(Imaginary의 앞 글자)로 나타내었고, 독
일의 수학자 가우스(Carl Friedrich Gauss, 1777~1855)는 복소수
의 기하학적 덧셈과 곱셈을 풀어내었고 데카르트가 사용한 '허수'

라는 용어 대신에 복소수라는 새로운 용어를 확립했다.

당시에는 복소수를 쓸데없는 수라고 생각했지만 그 후 3차 · 4차 방정식의 일반적인 해법을 구하기 위한 기초가 되었고, 현대에 와서는 양자역학, 전자공학 등에서 꼭 필요한 수가 되었다.

처음 허수의 개념을 사용한 오일러는 허수를 사용한 '오일러 공식'을 만들었고, 이 공식은 회전과 깊은 관계가 있는데, 이를 이용하여 2차원 회전이나 파동을 간결하게 할 수 있다. 그래서 교류와 같은 파동도 설명할 수 있고, 나아가 푸리에 정리를 통해 임의의 파동도 설명할 수 있게 되었다. FFT(Fast Fourier Transform, 고속 푸리에 변환)는 잡음 제거, 앰프 기술, 음성 및 그림 압축 등에 사용되는 기술이다. 이것이 가능한 이유는 각 주파수별로 신호를 쪼개서 나눌 수 있기 때문이다.

푸리에 변환 기술을 이용해서 각 주파수별로 신호를 나누면 필요한 데이터와 불필요한 데이터를 구분해내기 쉽다. 예를 들어 잡음의 경우가 일정한 패턴으로 나타나므로 해당하는 패턴의 주파수를 0으로 클리핑하면 잡음이 제거된다. 또한 각 주파수 중 특정 일부 주파수만 키우면 특정 악기 소리를 키우거나 특정 패턴을 강조할 수 있다. 각 주파수 중 잡음과 같이 특정 일부 주파수를 아예 지워버리고 저장하면 데이터의 양이 줄어들어서 압축(JPG, MP3, MPEG)에도 사용할 수 있다.

사각형

정의 사각형(四角形, quadrangle)은 네 개의 변과 네 개의 꼭짓점으로 이루어진 다각형이다.

해설 사각형은 변의 길이와 각의 크기에 따라 여러 가지 종류가 있다.

- 사다리꼴: 한 쌍의 대변이 평행한 사각형
- 등변사다리꼴: 한 쌍의 대변이 평행하고, 그 평행한 두 변 중 하나의 양 끝 각의 크기가 같은 사각형
- 평행사변형: 두 쌍의 대변이 각각 평행한 사각형
- 직사각형: 네 내각의 크기가 같은 사각형
- 마름모: 네 변의 길이가 같은 사각형
- 정사각형: 네 변의 길이가 같고 네 내각의 크기가 같은 사각형

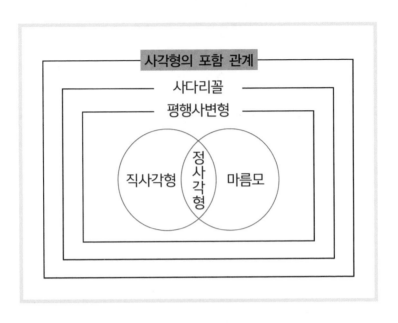

사각형의 포함 관계

사다리꼴
평행사변형
직사각형 정사각형 마름모

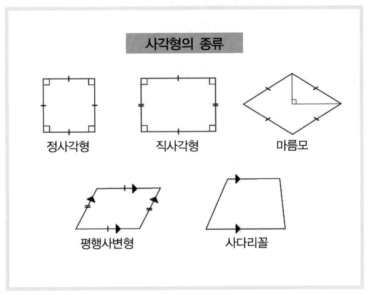

사각형의 종류

정사각형

직사각형

마름모

평행사변형

사다리꼴

황금비와 각 사각형의 특징

'1 : 1.618'을 황금비라고 하는데, 가로와 세로의 비가 황금비를 이루는 사각형을 황금사각형이라고 한다. 황금사각형은 가장 안정적인 비율을 가진 것으로 생각되는 도형이며 대표적인 건축물이 파르테논 신전이다.

각 선분을 연장한 선분이 도형 안을 지나가는 사각형을 오목사각형이라고 하고, 연장한 모든 선분이 도형 안을 지나가지 않는 사각형을 볼록사각형이라고 한다. 우리가 알고 있는 대부분의 사각형은 볼록사각형이고, 오목사각형은 특별한 경우에만 생각한다.

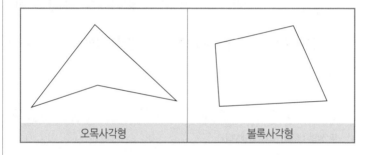

| 오목사각형 | 볼록사각형 |

마름모의 어원은 마름이라는 식물 이름에서 유래되었다. 마름의 잎이 마름모와 유사하다. 마름모는 일제로부터 해방된 직후까지 능(菱)형으로 불렸는데 여기서 능(菱)이 바로 마름을 뜻한다. 능형을 해방 후 순우리말로 마름(菱)과 모서리를 타나내는 모를 합쳐 마름모라고 바꾸었다.

네 변의 길이가 같은 사각형은 마름모이고, 네 내각의 크기가 같은 사각형은 직사각형이다. 즉, 정사각형은 마름모와 직사각형의 성질을 모두 만족한다.

따라서 정사각형의 두 대각선은 길이가 서로 같고 서로 다른 것을 수직이등분한다.

❶ 두 대각선의 길이가 같은 마름모는 정사각형이고, 두 대각선이 직교하는 직사각형은 정사각형이다.

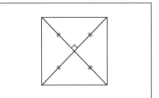

❷ 정사각형의 대각선의 길이는 한 변의 길이의 $\sqrt{2}$배이다.

❸ 둘레의 길이가 같은 모든 사각형들 중에 정사각형이 가장 넓다.

❹ 정사각형에 외접하는 원의 넓이는 그 정사각형의 넓이의 $\dfrac{\pi}{2}$배다.

❺ 정사각형에 내접하는 원의 넓이는 그 정사각형의 넓이의 $\dfrac{\pi}{4}$배다.

여러 가지 사각형의 관계를 알아보자.

성 질	사다리꼴	평행사변형	직사각형	마름모	정사각형
두 쌍의 대변이 각각 평행하다	×	○	○	○	○
두 쌍의 대변의 길이가 각각 같다	×	○	○	○	○
두 쌍의 대각의 크기가 각각 같다	×	○	○	○	○
두 대각선이 서로 다른 것을 이등분한다	×	○	○	○	○
두 대각선의 길이가 서로 같다	×	×	○	×	○
두 대각선이 서로 수직이다	×	×	×	○	○

사이클로이드

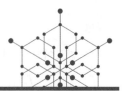

정의　사이클로이드(cycloid)는 원 위에 점을 하나 찍고 원을 직선 위에 굴렸을 때 그 점이 이루는 자취로, 흔히 최단강하곡선 또는 (항상 도착 시간이 같아서) 등시곡선이라고 한다.

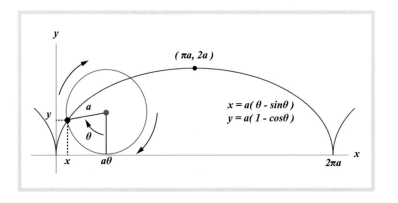

이 사이클로이드 아치 1개의 넓이 S를 구해보자.

$$S = \int_0^{2\pi a} y\, dx = a^2 \int_0^{2\pi} (1-\cos\theta)^2\, d\theta$$

$$= 3\pi a^2$$

$$(\, x:0{\to}2\pi a,\; \theta:0{\to}2\pi,\; \cos^2\theta = \frac{1+\cos 2\theta}{2}\,)$$

위에서 알 수 있듯이 사이클로이드 아치 1개의 넓이는 굴린 원의 넓이의 3배다.

그리고 사이클로이드 아치 1개의 곡선의 길이 L을 구해보자.

$$L = \int_0^{2\pi} \sqrt{(\frac{dx}{d\theta})^2 + (\frac{dy}{d\theta})^2}\, d\theta$$

$$= \int_0^{2\pi} \sqrt{a^2(1-\cos\theta)^2 + a^2\sin^2\theta}\, d\theta$$

$$= a\int_0^{2\pi} \sqrt{2(1-\cos\theta)}\, d\theta$$

$$= a\int_0^{2\pi} \sqrt{4\sin^2\frac{\theta}{2}}\, d\theta = 2a\int_0^{2\pi} \sin\frac{\theta}{2}\, d\theta = 8a$$

$$(\, \sin^2\frac{\theta}{2} = \frac{1-\cos\theta}{2}\,)$$

이처럼 사이클로이드 아치 1개의 곡선의 길이는 정확히 굴린 원의 반지름의 8배다.

기하학의 헬렌, 사이클로이드

파스칼이 사이클로이드를 연구하며 고통스러운 치통을 잊었다는 일화가 있을 만큼 이 곡선의 아름다움에 매료된 수학자들이 많았다. 이 때문에 수학자들은 사이클로이드를 트로이 전쟁의 원인이 된 왕비 헬렌의 눈부신 미모에 빗대어 '기하학의 헬렌(the helen of geometry)' 또는 '불화의 사과'라고 부르기도 한다.

그림과 같이 빗면에서 공을 떨어뜨리면 A, B, C 비탈면 중 어떤 것이 먼저 떨어질까?

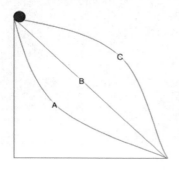

거리가 가장 짧은 B가 가장 먼저 떨어진다고 생각하기 쉽겠지만 답은 맨 아래에 있는 A다. A는 사이클로이드로, 거리는 더 길지만 내려올 때 가속도가 더 붙어서 맨 먼저 내려온다. 하지만 곡선 A 어느 곳에서 떨어뜨려도 도착 시간은 같다.

최단거리인 직선보다 사이클로이드 위에서 물체가 더 빨리 이동하는 이유는 중력가속도 때문이다. 중력가속도는 물체가 위에서 아래로 수직으로 떨어질 때 물체를 지구로 끌어당기는 중력에 의해 가속도가 붙는 것을 의미한다. 약 $9.8m/s^2$의 값이다.

그리고 사이클로이드 위에 놓은 구슬들은 높이에 상관없이 동시에 바닥에 도달하는 특성이 있다. 이 때문에 '등시 강하 곡선'이라고도 한다.

이런 사이클로이드는 우리 주변에서 쉽게 찾아볼 수 있는데 독수리가 사냥감을 잡기 위해 강하할 때 그리는 궤적, 빗방울이 지붕에 머무는 시간을 최대한 줄이기 위해 설계된 기와집의 곡선이 그러하다. 그래서 사이클로이드는 건축이나 설계 분야에서 널리 이용된다.

사이클로이드 원리를 수학으로 증명한 스위스의 수학자 베르누이(Jakob Bernoulli, 1654~1705)는 변분법을 만들고 확률론에 공헌하는 등 많은 업적을 이루었다.

기와집의 곡선

산포도

정의 산포도(散布度, degree of scattering)는 대푯값을 중심으로 자료가 흩어져 있는 정도를 하나의 수로 나타낸 값이다. 산포도는 편차, 분산, 표준편차가 있다.

해설

❶ 편차(偏差, deviation): 변량에서 평균을 뺀 값이다.

❷ 분산(分散, variance): 각 편차의 제곱의 합을 전체 변량의 개수로 나눈 값, 즉 모든 편차 제곱의 평균이 된다. 편차에 제곱을 하는 이유는 편차의 합이 항상 0이 되기 때문이다.

❸ 표준편차(標準偏差, standard deviation): 분산의 양의 제곱근이다. 분산은 표준편차로 바뀌는 과정 중 하나라고 생각하면 쉬운데, 분산에서 편차에 제곱을 하여 정확한 산포도를 나타내지 못하기 때문에 분산의 제곱근이 정확한 산포도가 된다.

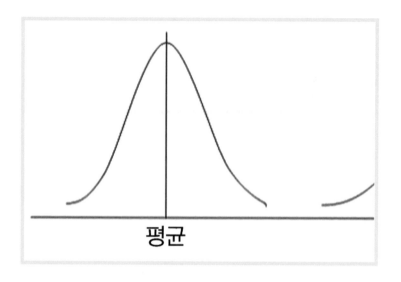

평균

분산과 표준편차는 평균에 얼마나 가까이 있는지 알려주는 지표가 된다. 즉, 그 수가 작을수록 평균에 가깝게 있다는 것을 알 수 있다. 그림에서 표준편차가 작을수록 왼쪽 그림이 되고, 표준편차가 클수록 오른쪽 그림이 된다. 표준편차가 크면 데이터들이 평균에서 더 멀어져 있기 때문이다.

편차, 분산, 표준편차의 예를 들어보자.

변량	4, 4, 12, 5, 4, 5, 8, 6, 5, 7
편차	평균=$\dfrac{4+4+12+5+4+5+8+6+5+7}{10}=6$이므로 편차는 -2, -2, 6, -1, -2, -1, 2, 0, -1, 1이다.
분산	(편차)^2=4, 4, 36, 1, 4, 1, 4, 0, 1, 1이므로 분산=$\dfrac{4+4+36+1+4+1+4+0+1+1}{10}=\dfrac{56}{10}=5.6$
표준편차	표준편차=$\sqrt{분산}=\sqrt{5.6}$

[그림-1]과 같이 아버지와 아들의 키 사이에는 어떤 함수관계는 없지만 어느 정도의 관계가 있음을 알 수 있다. 이와 같은 관계를 상관관계(correlation, 相關關係)라 하며, 다음 [그림-2]와 같이 양, 음의 상관관계가 있다. 상관관계는 두 변량 사이의 관계를 나타내는 것으로서 두 변량이 양의 상관관계인지, 음의 상관관계인지 구별한다. 증가, 감소는 반드시 그런 것이 아니라도 그런 경향이 있으면 성립함을 의미한다.

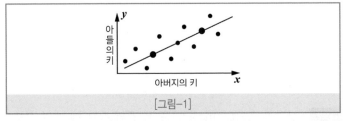

[그림-1]

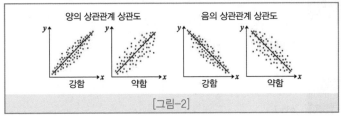

[그림-2]

1. 상관도와 상관관계: 상관도를 그렸을 때, 점들이 한 직선에 비교적 가까이 모여 있을 경우는 강한 상관관계가 있다고 한다. 그리고 상관관계는 있으나 점들이 넓게 흩어져 있을 경우는 약한 상관관계가 있다고 한다.

2. 직선의 기울기와 상관관계: 상관관계의 강하거나 약하다고 하는 것은 점의 직선의 주위의 집중도를 나타내고, 그 직선의 기울기와는 관계없다.

삼각형

정의 삼각형(三角形, triangle)은 세 개의 점과 세 개의 선분으로 이루어진 다각형이다. 삼각형의 세 점을 꼭짓점이라 하고, 선분을 변(邊)이라고 한다.

해설 삼각형은 변의 길이와 각의 크기에 따라 여러 가지 종류가 있다.

- 정삼각형(正三角形, equilateral triangle): 세 변과 세 각의 크기가 모두 같은 삼각형
- 이등변삼각형(二等邊三角形, isosceles triangle): 두 변과 두 각의 크기가 모두 같은 삼각형
- 부등변삼각형(不等邊三角形, scalene triangle): 세 변의 길이가 모두 다른 삼각형
- 예각삼각형(銳角三角形, acute triangle): 모든 내각이 $90°$보다 작다.
- 둔각삼각형(鈍角三角形, obtuse triangle): 한 내각이 $90°$보다 크다.
- 직각삼각형(直角三角形, right triangle): 한 내각이 $90°$이다.

親

삼각형의 성립 조건

응
용.
하.
기.

삼각형의 변의 길이와 꼭지각의 크기에 따라 삼각형이 결정된다.

- 세 변의 길이가 주어질 때
- 두 변의 길이가 주어지고 그 끼인각의 크기가 주어질 때
- 한 변의 길이가 주어지고 그 양 끝 각이 주어질 때

두 삼각형이 합동이려면 다음과 같은 조건이 성립해야 한다.

- 대응하는 세 변의 길이가 같을 때(SSS 합동)
- 대응하는 두 변의 길이가 같고, 그 끼인각의 크기가 같을 때 (SAS 합동)
- 대응하는 한 변의 길이가 같고, 그 양 끝 각이 같을 때(ASA 합동)

두 삼각형이 닮음이려면 다음과 같은 조건이 성립해야 한다.

- 대응하는 세 변의 길이의 비가 같을 때(SSS 닮음)
- 대응하는 두 변의 길이의 비가 같고, 그 끼인 각의 크기가 같을 때(SAS 닮음)
- 두 쌍의 대응각의 크기가 같을 때 (AA 닮음)

수학부

삼각형의 오심

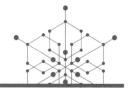

정의 삼각형의 다섯 가지 중요한 중심인 내심(incenter), 외심 (circumcenter), 무게중심(center of gravity), 수심(orthocenter), 방심(excenter)을 삼각형의 오심(五心, five centroids of triangle)이 라 한다.

- 외심 O: 세 변의 수직이등분선의 교점(외접원의 중심)

- 내심 I: 세 내각의 이등분선의 교점(내접원의 중심)

- 무게중심 G: 세 중선의 교점

- 수심 H: 세 수선의 교점

- 방심 I: 한 내각과 두 외각의 이등분선의 교점(방접원의 중심)

삼각형의 오심에 대한 설명은 다음과 같다.

오심	정의	위치			그림	성질
		예각	직각	둔각		
외심 O	세 변의 수직이등분선의 교점 (외접원의 중심)	내부	빗변의 중점	외부		외심으로부터 세 꼭짓점에 이르는 거리는 같다.
내심 I	세 내각의 이등분선의 교점 (내접원의 중심)	내부				내심으로부터 세 변에 이르는 거리는 같다.
무게 중심 G	세 중선의 교점	내부				무게중심은 세 중선의 길이를 꼭짓점으로부터 각각 2:1로 나눈다.
수심 H	세 수선의 교점	내부	직각의 꼭짓점	둔각쪽 외부		한 꼭짓점에서 수심까지의 거리는 외심에서 마주보는 변의 중점까지 거리의 2배이다.
방심 I	한 내각과 두 외각의 이등분선의 교점 (방접원의 중심)	외부 (한 삼각형에 3개 존재)				방심에서 삼각형의 한 변과 다른 두 변의 연장선에 이르는 거리가 같다.

무게중심과 외심

곡예사가 접시를 돌릴 때 막대의 끝은 접시의 중심에 있어야 접시가 떨어지지 않는다. 손가락 하나로 책을 받치고 떨어지지 않도록 하려면 어디를 받쳐야 할까? 만약 삼각형 모양의 접시를 막대 위에 올려놓고 수평을 유지하려면 막대가 닿은 곳은 삼각형의 어느 부분일까? 이 점을 찾으면 뾰족한 것으로도 물건이 평형을 이루도록 받칠 수 있다. 이 점을 무게중심이라고 한다. 하늘을 나는 비행기도 적당한 지점에 사람과 화물을 배치해 기체의 균형을 유지하는 것이 중요한데 이것도 무게중심과 관계가 있다. 모든 물체에는 무게중심이 있고, 물체의 모양에 따라 위치가 유동적이다.

훼손된 유물의 본래의 모습을 되찾아주려면 처음의 모습이 어땠을까 상상해야 한다. 원형의 유물을 복원하기 위한 첫 과제는 외접원을 찾기 위해 외심을 찾는 것이다. 기와지붕 끝 부분의 처마는 암막새와 수막새로 마감되어 있다. 훼손되어 있는 얼굴무늬 수막새(7세기경 신라 유물)의 복원 원리를 알아보자.

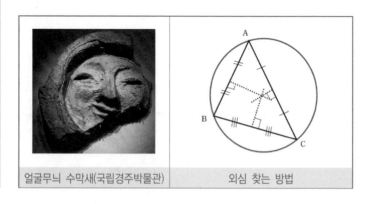

| 얼굴무늬 수막새(국립경주박물관) | 외심 찾는 방법 |

원의 중심은 여러 점으로부터 같은 거리에 있어야 하므로 적어도 둘레의 세 점(A, B, C)으로부터 같은 거리에 있어야 한다. 따라서 둘레에 여러 개의 점을 임의로 찍은 후 그들로부터 같은 거리에 있는 점을 찾아 중심으로 해야 한다. 떨어져 있는 두 점(A, B)으로부터 같은 거리에 있는 점들은 모두 두 점을 이은 선분의 수직이등분선 위에 있다. 따라서 임의의 점들 중 두 점을 이은 선분을 긋고 그 선분들의 수직이등분선을 각각 그어 만나는 점이 바로 원의 중심이 되고 중심에서 둘레의 점까지의 거리가 반지름의 길이가 된다.

외심은 외접원 위의 점들로부터 같은 거리에 있으므로 이 성질을 이용하여 관공서나 놀이터 등의 최적의 위치를 정할 때 활용된다. 정삼각형의 내심, 외심, 무게중심, 수심은 모두 일치하고, 삼각형의 내심, 외심, 무게중심, 수심은 각각 1개씩이고, 방심은 3개이다.

속도, 가속도

정의 점 P가 수직선 위를 움직이고 있을 때, 시각 t에서의 점 P의 좌표를 s라 하면 s는 t의 함수다. 이 함수를 $s = f(t)$라고 하면 시각이 t에서 $t + \Delta t$까지 변할 때의 점 P의 위치의 변화량 Δs는 $\Delta s = f(t + \Delta t) - f(t)$이다.

이때 시각의 변화량에 대한 위치의 변화량의 비 $\dfrac{\Delta s}{\Delta t} = \dfrac{f(t + \Delta t) - f(t)}{\Delta t}$

를 시각 t에서 $t + \Delta t$까지의 평균속도라 하고, 시각 t에서의 s의 순간변화율

$$v = \lim_{\Delta t \to 0} \frac{\Delta s}{\Delta t} = \lim_{\Delta t \to 0} \frac{f(t + \Delta t) - f(t)}{\Delta t}$$

를 점 P의 시각 t에서의 순간속도 또는 속도(速度, velocity)라고 한다. 또 속도의 크기를 점 P의 시각 t에서의 속력이라 하고, 기호 $|v|$로 나타낸다.

가속도는 시간에 따른 속도의 변화량이다.

시각이 t에서 $t+\Delta t$까지 변할 때, 점 P의 속도의 변화량 Δv는 $\Delta v = v(t+\Delta t) - v(t)$이다. 이때 시각의 변화량에 대한 속도의 변화량의 비

$$\frac{\Delta v}{\Delta t} = \frac{v(t+\Delta t) - v(t)}{\Delta t}$$

를 시각 t에서 $t+\Delta t$까지 점 P의 평균가속도라 하고, 시각 t에서의 속도 v의 순간변화율

$$a = \lim_{\Delta t \to 0} \frac{\Delta v}{\Delta t} = \lim_{\Delta t \to 0} \frac{v(t+\Delta t) - v(t)}{\Delta t}$$

를 점 P의 시각 t에서의 가속도(加速度, acceleration)라고 한다.

 해설 간단히 말해 위치를 미분하면 속도고, 속도를 미분하면 가속도다.

> 수직선 위를 움직이는 점 P의 시각 t에서의 좌표가 $s=f(t)$일 때, 점 P의 속도를 v, 가속도를 a라 하면
> $$v = \frac{ds}{dt} = f'(t), \qquad a = \frac{dv}{dt}$$

$v = f'(t)$의 부호는 점 P의 운동 방향을 나타낸다.

$v > 0$인 구간에서 $x=f(t)$는 증가하므로 점 P의 운동 방향은 양의 방향이고,

$v < 0$인 구간에서 $x=f(t)$는 감소하므로 점 P의 운동 방향은 음의 방향이다.

수직선 위를 움직이는 점 P의 시각 t에서의 위치가 $x = t^2 - 3t$일 때, $t = 1$에서의 점 P의 속도와 점 P가 운동 방향을 바꿀 때의 시각을 구해보자.

점 P의 속도 $v = \dfrac{dx}{dt} = 2t - 3$ 이므로 $t = 1$일 때, $v = -1$이다.

운동 방향을 바꾸는 순간의 속도는 0이므로 $v = 2t - 3 = 0$, $t = \dfrac{3}{2}$이다.

$$\text{가속도 } a = \frac{dv}{dt} = 2\text{이다.}$$

가속도

응.
용.
하.
기.

가속도는 벡터의 양이라 방향과 크기의 값이 있다. 속도가 위치의 변화율인 것과 같이, 가속도는 시간에 대한 속도의 변화율이다. 즉, 가속도가 양수면 속도가 증가, 가속도가 음수면 속도가 감소, 가속도가 0이면 속도가 변하지 않음을 뜻한다.

진행 방향과 속도가 있는 자동차는 가속도를 설명하기에 적합하다. 속도, 가속도가 모두 양수이면, 진행 방향으로 더 빨라지는 것이고, 속도, 가속도가 모두 음수이면 진행 방향의 반대 방향으로 가고 있지만 속도가 점점 줄어들고 있는 것이다.

또한 속도는 양수인데 가속도가 음수이면 진행 방향으로 가고 있지만 속도는 점점 줄어들고, 속도는 음수인데 가속도가 양수이면 진행 방향의 반대 방향으로 더 빠르게 움직이고 있는 것이다.

수열

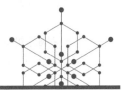

정의 수열(數列, sequence)은 일정한 규칙에 따라 차례대로 나열된 수의 열이다.

해설 수열을 이루고 있는 각 수를 수열의 항(項, term)이라 하고, 앞에서부터 차례로 첫째 항(제1항, a_1), 둘째 항(제2항, a_2), 셋째 항(제3항, a_3), …. n째 항(제n항, a_n)이라고 한다.

이때 수열의 제n항 a_n을 그 수열의 일반항(general term)이라고 한다. 수열의 항의 개수가 무한일 때 무한수열(infinite sequence)이라 하고, 항의 개수가 유한일 때 유한수열(finite sequence)이라고 한다. 여러 가지 수열을 더 자세히 알아보자.

✅ 등차수열(arithmetic sequence)

첫째항부터 시작하여 차례로 일정한 수를 더하여 만든 수열이다. 더하는 일정한 수를 공차(common difference)라고 한다.

① 등차수열의 일반항

> 첫째 항이 a, 공차가 d인 등차수열의 일반항 a_n은
>
> $$a_n = a + (n-1)d \ (n = 1, \ 2, \ 3, \ \cdots)$$

첫째항이 a, 공차가 d인 등차수열 $\{a_n\}$에서

$a_1 = a, \quad a_2 = a_1 + d = a + d,$

$a_3 = a_2 + d = (a+d) + d = a + 2d, \ \cdots\cdots$ 이므로

일반항 a_n은 $a_n = a_{n-1} + d = a + (n-1)d$이다.

② 등차중항(arithmetic mean)

> 세 수 a, b, c가 차례로 등차수열이 되기 위한 필요충분조건은
>
> $$2b = a + c, \ 즉, \ b = \frac{a+c}{2}$$

③ 등차수열의 합

> 첫째 항 a, 공차 d, 항의 개수 n, 끝항 l인 등차수열의 합 S_n은
>
> $$S_n = \frac{n(a+l)}{2} = \frac{n\{2a + (n-1)d\}}{2}$$

④ 수열의 합과 일반항 사이의 관계

> 수열 $\{a_n\}$의 첫째 항부터 제n항까지의 합을 S_n이라고 하면
>
> $$a_1 = S_1, \ a_n = S_n - S_{n-1} \ (n \geq 2)$$

✅ 등비수열(geometric sequence)

첫째 항부터 시작하여 차례로 일정한 수를 곱하여 만든 수열이다.
곱하는 일정한 수를 공비(common ratio)라고 한다.

❶ 등비수열의 일반항

> 첫째항이 a, 공비가 r인 등비수열의 일반항 a_n은
>
> $$a_n = ar^{n-1} \ (n = 1, \ 2, \ 3, \ \cdots\cdots)$$

$a_1 = a, \quad a_2 = a_1 r = ar,$

$a_3 = a_2 r = (ar)r = ar^2, \ \cdots\cdots$이므로

일반항 a_n은 $\ a_n = a_{n-1}r = ar^{n-1}$

❷ 등비중항(geometric mean)

> 세 수 $a, \ b, \ c$가 차례로 등비수열이 되기 위한 필요충분조건은
>
> $$b^2 = ac$$

❸ 등비수열의 합

> 첫째항 a, 공비 r, 항의 개수 n인 등비수열의 합 S_n은
>
> ① $r \neq 1$이면 $S_n = \dfrac{a(1-r^n)}{1-r} = \dfrac{a(r^n-1)}{r-1}$
>
> ② $r = 1$이면 $S_n = na$

✅ 계차수열(sequence of differences)

수열 $\{a_n\}$에서 이웃한 두 항의 차 $a_{n+1} - a_n = b_n$ $(n = 1,\ 2,\ 3,\ \cdots\cdots)$ 을 a_{n+1}과 a_n의 계차라고 하고, 계차로 이루어진 수열 $\{b_n\}$을 수열 $\{a_n\}$의 계차수열이라고 한다.

- 수열과 계차수열의 일반항

수열 $\{a_n\}$의 계차수열을 $\{b_n\}$이라고 하면

$$= a_1 + \sum_{k=1}^{n-1} b_k \ (\text{단},\ n \geq 2)$$

수열 $\{a_n\}$의 계차수열을 $\{b_n\}$이라고 하면

$a_2 - a_1 = b_1,\quad a_3 - a_2 = b_2,\quad a_4 - a_3 = b_3,\ \cdots\cdots$

$a_n - a_{n-1} = b_{n-1}$이고, 이들을 각 변끼리 더하면

$a_n - a_1 = b_1 + b_2 + b_3 + \cdots + b_{n-1}$이다.

따라서 $a_n = a_1 + (b_1 + b_2 + b_3 + \cdots + b_{n-1})$

$$= a_1 + \sum_{k=1}^{n-1} b_k \ (n = 2,\ 3,\ 4,\ \cdots)$$

✅ 조화수열(harmonic progression)

각 항의 역수가 등차수열을 이루는 수열로,

$a,\ \dfrac{a}{1+d},\ \dfrac{a}{1+2d},\ \dfrac{a}{1+3d},\ \cdots$의 형태를 갖는다.

- 조화중항(harmonic mean)

> 세 수 a, b, c가 차례로 조화수열이 되기 위한 필요충분조건은
>
> $$b = \frac{2ac}{a+c}$$

등차중항, 등비중항, 조화중항의 대소 관계

- 등차중항: 세 수 a, b, c가 등차수열을 이룰 때

$$b+b = a+c \iff b = \frac{a+c}{2}$$

- 등비중항: 세 수 a, b, c가 등비수열을 이룰 때

$$b \times b = a \times c \iff b = \pm \sqrt{ac}$$

- 조화중항: 세 수 a, b, c가 조화수열을 이룰 때

$$\frac{1}{b} + \frac{1}{b} = \frac{1}{a} + \frac{1}{c} \iff b = \frac{2ac}{a+c}$$

두 양수 a와 c에 대하여

$$\frac{a+c}{2} \geq \sqrt{ac} \geq \frac{2ac}{a+c}$$ (단, 등호는 $a = c$일 때 성립)

산술평균　　기하평균　　조화평균

수학적 귀납법

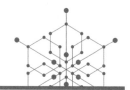

정의   자연수 n에 대한 명제 $p(n)$이 모든 자연수 n에 대하여 성립한다는 것을 증명하려면 다음 두 가지를 보이면 된다.

   i) $n=1$일 때, 명제 $p(n)$이 성립함을 보인다.

   ii) 임의의 자연수 k에 대하여 $n=k$일 때 명제 $p(n)$이 성립한다고 가정하고, $n=k+1$일 때 명제 $p(n)$이 성립함을 보인다. 이것을 수학적 귀납법(數學的 歸納法, mathematical induction)이라고 한다.

해설   모든 자연수 n에 대하여 등식

$$1+3+5+\cdots+(2n-1)=n^2 \qquad\qquad \cdots\cdots \text{①}$$

이 성립함을 수학적 귀납법으로 증명하여라.

   (i) $n=1$일 때

(좌변)$=1$, (우변)$=1^2=1$이므로 ①이 성립한다.

   (ii) $n=k$ $(k\geq 1)$일 때 ①이 성립한다고 가정하면

$$1+3+5+\cdots+(2k-1)=k^2$$

이 식의 양변에 $2k+1$을 더하면

$$1+3+5+\cdots+(2k-1)+(2k+1)=k^2+(2k+1)$$

$$=(k+1)^2$$

이므로 ①은 $n=k+1$일 때도 성립한다.

따라서 (i), (ii)로부터 모든 자연수 n에 대하여 ①성립한다.

페아노의 공리

수학적 귀납법은 자연수 전체의 집합을 정의한 페아노 공리계 (Peano's axioms)의 제5공리를 기초로 이루어졌다. 그래서 페아노의 제5공리를 수학적 귀납법의 공리라고 한다. 이탈리아의 수학자 페아노(Giuseppe Peano, 1858~1932)가 만든 페아노 공리계(公理系)는 자연수 체계를 묘사하는 5개의 공리들이다. 그는 합집합과 교집합의 현대적 기호를 사용했다.

- 제1공리: 1은 자연수(Natural number)이다.

- 제2공리: N이 자연수이면 N의 다음 수인 N+1도 자연수이다.

- 제3공리: 어떤 자연수 N의 다음 자연수 N+1은 1이 될 수 없다.

- 제4공리: 두 자연수 M과 N이 다르면 두 다음 자연수인 M+1 과 N+1도 서로 다르다.

- 제5공리: 어떤 집합 A가 자연수 1을 포함하고, 어떤 자연수 N과 그 다음 자연수 N+1도 포함한다면 집합 A는 자연수 집합을 포함한다.

순서도

정의 어떤 문제를 해결하기 위하여 필요한 유한 번의 단계적인 계산 절차 또는 일의 처리 순서를 알고리즘이라고 한다. 알고리즘의 처리 순서를 기호를 사용하여 알기 쉽게 그림으로 나타낸 것을 순서도(順序圖, flowchart)라고 한다.

해설 순서도는 다음과 같은 기호를 사용하여 작성한다.

기호	설명	사용 예
시작, 끝 기호	문제 해결의 시작과 끝을 나타낸다.	시작 / 끝
처리 기호	자료를 기억하거나 계산한다.	$a \longleftarrow 3$ $x \longleftarrow x+3$
판단 기호	대소와 등호 성립 및 참, 거짓을 판단한다.	$x > 3?$ 아니오 / 예
인쇄 기호	인쇄를 나타낸다.	S를 인쇄
흐름기호	연결과 처리 과정의 흐름을 나타낸다.	$x > 3?$ 아니오 / 예

알고리즘

알고리즘은 문제 해결의 절차를 나타내는 순서가 명백하고 효율적이어야 하며, 순서도는 처리 과정을 쉽게 알아볼 수 있도록 작성해야 한다. 순서도를 사용하면 다음과 같은 장점이 있다.

1. 문제를 처리하는 전체 과정을 한 눈에 볼 수 있으므로 누구나 쉽게 이해할 수 있다.
2. 순서도를 검토함으로써 처리 과정에 모순이 있는지를 쉽게 알아낼 수 있다.
3. 처리 과정을 기록하여 보존하기가 쉽다.

예를 들어, 라면을 끓이는 알고리즘을 만들어보자.

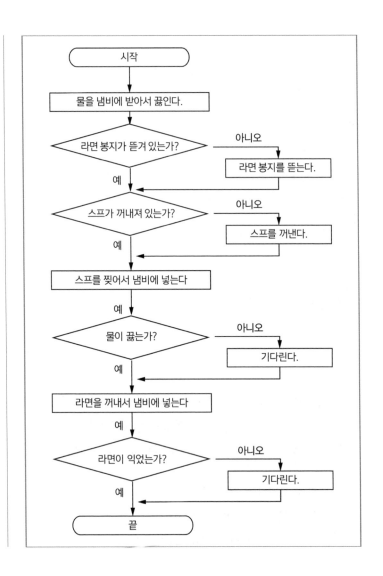

시작

물을 냄비에 받아서 끓인다.

라면 봉지가 뜯겨 있는가? — 아니오 → 라면 봉지를 뜯는다.

예

스프가 꺼내져 있는가? — 아니오 → 스프를 꺼낸다.

예

스프를 찢어서 냄비에 넣는다

예

물이 끓는가? — 아니오 → 기다린다.

예

라면을 꺼내서 냄비에 넣는다

예

라면이 익었는가? — 아니오 → 기다린다.

예

끝

순환소수

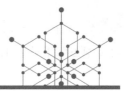

정의 순환소수(循環小數, repeating decimal)는 소수점 아래의 어떤 자리에서부터 일정한 숫자의 배열이 한없이 되풀이되는 무한소수다.

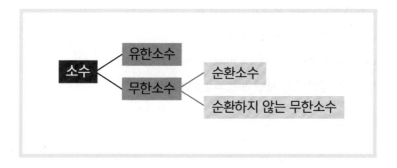

해설 $0.222\cdots$, $0.141414\cdots$, $3.2575757\cdots$, $2.415415\cdots$은 모두 순환소수이며, '2', '14', '57', '415'이 반복된다.

이 순환소수의 반복되는 부분을 '순환마디', 그 자리수를 '주기'라고 한다.

반복되는 소수는 쓰기 번거롭기 때문에 순환마디의 시작과 끝부분 숫자 위에 ' · '을 찍는다.

$0.222\cdots=0.\dot{2}$, $0.141414\cdots=0.\dot{1}\dot{4}$, $3.2575757\cdots=3.2\dot{5}\dot{7}$, $2.415415\cdots=2.\dot{4}1\dot{5}$

순환소수는 분수 꼴로 나타낼 수 있는 유리수다.

$0.222\cdots$를 분수로 고쳐보자.

$x=0.222\cdots$ 라고 하면

$10x=2.222\cdots$ 두 식을 양변끼리 빼면 $9x=2$이므로 $x=\dfrac{2}{9}$

$0.141414\cdots$를 분수로 고쳐보자.

$y=0.141414\cdots$ 라고 하면

$100y=14.1414\cdots$ 두 식을 양변끼리 빼면 $99y=14$이므로 $y=\dfrac{14}{99}$

$3.2575757\cdots$을 분수로 고쳐보자.

$z=3.2575757\cdots$ 이라 하면

$10z=32.575757\cdots$이고, $1000z=3257.5757\cdots$

두 식을 양변끼리 빼면 $990z=3225$이므로

$z=\dfrac{3225}{990}$

스테빈의 소수

네덜란드의 수학자이자 기술자인 시몬 스테빈(Simon Stevin, 1548~1620)은 네덜란드가 스페인을 상대로 독립전쟁을 벌이던 때에 장교로 근무하면서 군자금을 빌리고 이자를 계산하다가 복잡한 이자율을 '더 쉽게 계산할 수 있는 방법은 없을까?' 고민하던 중 소수를 발견했다. 스테빈은 $\frac{1}{10}$ 을 1①로, $\frac{1}{100}$ 을 1②, $\frac{1}{1000}$ 을 1③으로 표현했고, 오늘날과 같은 소수점을 찍게 된 것은 스테빈이 소수를 처음 생각했을 때부터 33년이 지난 후이다. 하지만 지금도 소수를 나타내는 방법은 세계적으로 통일되지 않았다. 소수점을 쓰기 시작한 것은 존 월리스부터다. 존 월리스(John Wallis, 1616~1703)는 순환소수이론을 처음으로 소개했다. 그 후 베르누이와 라그랑주가 순환소수의 규칙성을 이론으로 정립하려 했지만 실패하고, 가우스가 해결했다.

0.99999999……는 1과 크기가 같다. 왜냐하면 $\frac{1}{3}$ 에 3을 곱하면 1이 되는데 $\frac{1}{3}$ 은 소수로 나타내면 0.33333333……이 된다. 그럼 0.33333333……에 3을 곱하면 다시 0.99999999……가 되는데 결국 0.99999999……는 1과 같다는 결론을 도출할 수 있다.

약수, 배수

정의 정수 n을 0이 아닌 정수 a로 나누었을 때 나누어떨어지는 몫이 정수고 나머지가 0일 때 a를 n의 약수(約數, divisor), n을 a의 배수(倍數, multiple)라고 한다.

$$n = ab \quad (b \neq 0)$$

해설

✔ 약수와 배수의 성질
❶ 1과 -1은 모든 수의 약수고, 모든 수는 자기 자신의 약수다.
❷ 어떤 정수도 0으로 나눌 수 없으므로 0은 어떤 수의 약수도 아니다.
❸ c가 정수 a와 b의 약수면 c는 $a+b$, $a-b$, ab의 약수다.

④ 0이 아닌 정수는 그 수 자신의 배수고, 0이 아닌 정수의 배수는 무수히 많다.

⑤ 0은 0을 제외한 모든 수의 배수다.

⑥ 정수 a와 b가 0이 아닌 정수 c의 배수면 $a+b$, $a-b$, ab도 c의 배수다.

❷ 약수 찾는 방법

소인수분해를 이용한다. 예를 들어, $108 = 2^2 \times 3^3$일 때, 108의 약수는 2, 3외의 소인수는 포함하지 않는다. 2^2의 약수는 $1, 2, 2^2$의 3개, 3^3의 약수는 $1, 3, 3^2, 3^3$의 4개임을 이용하여 다음 표를 그린다.

	$2^0 = 1$	$2^1 = 2$	$2^2 = 4$
$3^0 = 1$	$2^0 \times 3^0 = 1$	$2^1 \times 3^0 = 2$	$2^2 \times 3^0 = 4$
$3^1 = 3$	$2^0 \times 3^1 = 3$	$2^1 \times 3^1 = 6$	$2^2 \times 3^1 = 12$
$3^2 = 9$	$2^0 \times 3^2 = 9$	$2^1 \times 3^2 = 18$	$2^2 \times 3^2 = 36$
$3^3 = 27$	$2^0 \times 3^3 = 27$	$2^1 \times 3^3 = 54$	$2^2 \times 3^3 = 108$

그러므로 108의 약수는 $1, 2, 3, 4, 6, 9, 12, 18, 27, 36, 54, 108$이다.

또한 약수의 개수는 $3 \times 4 = 12$개다.

$A = a^l \times b^m \times c^n$이라 하면, (단, a, b, c는 소수)

① 약수의 개수는 $(l+1)(m+1)(n+1)$개다.

② 약수의 총합은

$(1 + a + a^2 + \cdots + a^l)(1 + b + b^2 + \cdots + b^m)(1 + c + c^2 + \cdots + c^n)$ 이다.

③ 모든 약수들의 곱은 $A^{\frac{약수의\,개수}{2}}$ 이다. 특히, 약수의 개수가 홀수일 때는 $A^{\frac{약수의\,개수-1}{2}} \times \sqrt{A}$이 된다.

✅ 배수 찾는 방법

구 분	방 법	예
2의 배수	일의 자리의 수가 짝수인 수	12, 28, 40
3의 배수	각 자리의 숫자의 합이 3의 배수	24, 123, 915
4의 배수	끝 두 자리의 수가 00 또는 4의 배수	100, 436, 512
5의 배수	일의 자리의 수가 0 또는 5인 수	20, 45, 125
6의 배수	3의 배수면서 짝수인 수	36, 174, 411
7의 배수	네자리 수 이상에서만 해당되는 판별 방법 네자리수 ⒶⒷⒸⒹ가 있다면 ⒶⒷⒸ-2Ⓓ를 해서 7의 배수	2506⇒ 250-2×6=238 (7의배수)
8의 배수	끝 세 자리의 수가 000 또는 8의 배수	2000, 6328
9의 배수	각 자리의 숫자의 합이 9의 배수	63, 126, 459
10의 배수	일의 자리의 수가 0인 수	300, 270, 850
11의 배수	한 자리씩 건너 뛴 숫자들의 합과 그 나머지 숫자들의 합과의 차가 0 또는 11의 배수인 수	121, 913, 1738
25의 배수	끝 두 자리의 수가 00 또는 25의 배수	100, 425, 1050

숫자와 우주

"만물의 근원은 수(數)"라고 정의한 피타고라스학파는 수와 관련된 많은 연구를 함께했다. 짝수와 홀수, 삼각수, 제곱수, 다음에 제시된 여러 가지 수들을 발견하고 이름을 붙였으며 특별한 의미를 부여했다. 피타고라스는 1은 이성, 2는 여성, 3은 남성, 4는 정의, 5는 결혼, 6은 천지창조, …… 10은 우주 등 세상의 모든 것을 수로 표현하려고 했다.

1. 소수(素數, prime number): 1과 자기 자신만을 양의 약수로 갖는 수 (약수가 2개인 수)

   예) 2, 3, 5, 7, 11, ……

2. 합성수(合成數, composite number): 그 수의 양의 약수가 3개 이상인 수

   예) 4, 6, 8, 9, 12, ……

3. 완전수(完全數, perfect number): 그 수의 양의 약수 중 자신을 제외한 약수를 모두 더해서 자기 자신이 되는 자연수

   예) 6(1+2+3), 28(1+2+4+7+14), 496(1+2+4+8+16+31+62+124+248), 8128, ……

4. 과잉수(過剩數, abundant number): 그 수의 양의 약수 중 자신을 제외한 약수를 모두 더했을 때 원래의 수보다 더 커지는 수

   예) 12(1+2+3+4+6=16〉12), 18(1+2+3+6+9=21〉18), 20(1+2+4+5+10=22〉20)

5. 부족수(不足數, deficient number): 그 수의 양의 약수 중 자신을 제외한 약수를 모두 더했을 때 원래 수의 두 배보다 작은 수

예) $1(1\langle1\times2=2)$, $3(1\langle3\times2=6)$, $4(1+2=3\langle4\times2=8)$,
$5(1\langle5\times2=10)$, 7, 8, 9, 10, ……

6. 친화수(親和數, amicable number): 두 수가 있을 때, 두 수의 양의 약수 중 자신을 제외한 약수를 모두 더해서 상대방의 수가 되는 두 수

예) 220(1+2+4+5+10+11+20+22+44+55+110)과
284(1+2+4+71+142)

☞ 1636년 페르마가 발견한 17296과 18416, 1866년 파가니니가 발견한 1184와 1210, 그 외 1750년 오일러가 60쌍의 친화수를 발견.

7. 부부수(夫婦數, betrothed numbers): 1과 자신을 뺀 양의 약수를 모두 더하면 서로 상대방 수가 되는 두 수

예) 48(2+3+4+6+8+12+16+24)과 75(3+5+15+25)

에라토스테네스의 체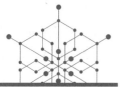

정의 에라토스테네스의 체(eratosthenes' sieve)는 소수(素數)를 찾
는 다양한 방법 중에 에라토스테네스가 찾아낸 방법으로, 마
치 체로 수를 거르는 것과 같이 소수를 찾아내는 것이다.

해설 지금은 컴퓨터 프로그램으로 소수를 찾을 수 있게 되었지만
에라토스테네스의 체는 컴퓨터에 의존하지 않고 1부터 100
까지의 수에서 소수를 찾아내는 훌륭한 방법이다.
에라토스테네스의 체를 이용하여 1부터 100 사
이에 있는 소수를 찾아보자.

- 1단계:

  자연수 중에서 가장 작은 소수인 2에 O표를 한 후, 2의 배수를 모두 지운다. 2의 배수는 모두 2를 약수로 가지므로 소수가 아니다.

- 2단계:

  그 다음 소수인 3에 O표를 한 후, 3의 배수를 모두 지운다. 4의 배수는 2의 배수를 지울 때 이미 지워졌다.

- 3단계:

  그 다음 소수인 5에 O표를 한 후, 5의 배수를 모두 지운다. 6의 배수는 2의 배수와 3의 배수를 지울 때 모두 지워졌다.

- 4단계:

  그 다음 소수인 7에 O표를 한 후, 7의 배수를 모두 지운다.

이런 식으로 숫자를 지워 나가면 1부터 100까지의 합성수는 모두 지워지고 소수만 남는다.

1 ②③ 4 ⑤ 6 ⑦ 8 9 10 ⑪ 12 ⑬ 14 15 16 ⑰ 18 ⑲ 20
21 22 ㉓ 24 25 26 27 28 ㉙ 30 ㉛ 32 33 34 35 36 ㊲ 38 39 40
㊶ 42 ㊸ 44 45 46 ㊼ 48 49 50 51 52 ㊼ 54 55 56 57 58 ㊾ 60
㊱ 62 63 64 65 66 ㊻ 68 69 70 ㊀ 72 ㊂ 74 75 76 77 78 ㊆ 80
81 82 ㉧ 84 85 86 87 88 ㊒ 90 91 92 93 94 95 96 ㊐ 98 99 100

경이로운 측정

에라토스테네스(eratosthenes, 서기전 275?~194?)는 그리스의 수학자이자 천문학자이며 지리학자로, 경도와 위도를 이용한 지도를 만들고 '지리학'이라는 용어를 처음으로 만들어 사용했다. 또한 지구가 둥글다고 생각했고, 지구의 둘레를 측량기구 없이 막대기와 그림자의 길이만으로 계산해냈다. 그가 계산해낸 지구 둘레 길이는 4만 6,250km로, 오늘날 최첨단 측량 수단으로 계산해낸 지구 둘레가 4만 79km인 것을 생각하면 정말 경이로운 일이다.

무한한 소수와 암호

유클리드가 소수의 개수는 무한하다는 증명을 한 이후 많은 사람들이 가장 큰 소수를 찾으려고 노력했고, 2016년 현재 컴퓨터를 이용하여 발견한 가장 큰 소수는 $2^{74207281} - 1$이다. 이 수는 1초에 숫자 10을 셀 수 있다고 할 때 아무것도 안하고 넉 달 동안 세어야 하는 숫자다. 메르센 소수는 n이 소수일 때 $2^n - 1$의 형태를 갖는 특별히 드문 소수다. 메르센 소수는 서기전 350년에 유클리드가 처음 연구했고, n이 소수라는 사실을 처음으로 추측한 17세기 프랑스 수도사 메르센의 이름에서 따온 것이다.

소수는 암호학에서 중요한 구실을 하는데, 어떤 수를 소수의 곱으로 나타내는 소인수분해를 하는 데 긴 시간이 걸린다는 성질을 이용하여 만들어진 시스템이 RSA 암호다. 소수를 찾기 어려운 만큼 암호를 풀기 어렵기 때문에 더 큰 소수를 찾는 노력은 계속될 것이다.

연립방정식

정의 연립방정식(聯立方程式, simultaneous equation)은 2개 이상의 미지수를 포함하는 2개 이상의 방정식을 쌍으로 나타낸 것이다.

해설 연립방정식을 푼다는 것은 각 방정식을 동시에 만족시키는 미지수의 값을 구하는 것이다.

❶ 주어진 방정식이 일차 방정식 두 개일 때

- 대입법(代入法, method of substitution): 주어진 두 방정식 중 하나를 어느 한 미지수에 관해 정리하고, 그 결과를 다른 방정식에 대입함으로써 한 미지수를 소거하여 해를 구하는 방법이다.

- 가감법(加減法, method of elimination by adding and subtracting): 주어진 두 방정식에 적당한 상수를 각각 곱한 다음 더하거나 빼어서 미지수를 소거하여 해를 구하는 방법이다.

- 등치법(等値法, method of equivalence): 주어진 두 방정식을 어느 한 미지수에 대해 정리하여 같다고 놓음으로써 한 미지수에 관한 식으로 바꿔 등식을 풀어 해를 구하는 방법이다.

❷ 주어진 방정식이 각각 1차와 2차 방정식일 때
1차 방정식을 한 문자에 관해 정리한 후 2차 방정식에 대입하여 해를 구한다.

❸ 주어진 방정식이 이차방정식 두 개일 때
- 두 방정식 중 하나를 1차 방정식 두 개로 인수 분해하여 2차 방정식에 대입하여 해를 구한다.

- 두 방정식을 상수항 또는 이차항을 소거하여 1차 방정식 두 개로 인수분해하고 2차 방정식에 대입하여 해를 구한다.

❹ 두 방정식이 x, y에 대한 대칭형일 때
$x+y=u, xy=v$로 치환하여 u, v에 대한 방정식으로 해를 구한다. 이때 x, y는 방정식 $t^2-ut+v=0$의 두 근이다.

연립 1차 방정식은 행렬을 이용하여 다음과 같이 해결할 수 있다.

$$\begin{cases} ax+by=p \\ cx+dy=q \end{cases} \quad \Leftrightarrow \quad \begin{pmatrix} a & b \\ c & d \end{pmatrix}\begin{pmatrix} x \\ y \end{pmatrix} = \begin{pmatrix} p \\ q \end{pmatrix}$$

i) $ad-bc \neq 0$일 때, 한 쌍의 해가 존재하고, 그 해는

$$\begin{pmatrix} x \\ y \end{pmatrix} = \begin{pmatrix} a & b \\ c & d \end{pmatrix}^{-1}\begin{pmatrix} x \\ y \end{pmatrix} = \frac{1}{ad-bc}\begin{pmatrix} d & -b \\ -c & a \end{pmatrix}$$

ii) $ad-bc=0$일 때, $\dfrac{a}{c}=\dfrac{p}{q}$이면 부정, $\dfrac{a}{c}\neq\dfrac{p}{q}$이면 불능

연립방정식 $\begin{cases} ax+by+c=0 \\ a'x+b'y+c'=0 \end{cases}$의 해는 두 1차 방정식

$ax+by+c=0$, $a'x+b'y+c'=0$의 그래프의 교점(p, g)이다.

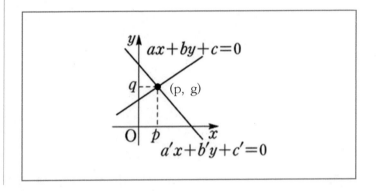

연속함수

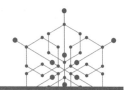

정의 함수 $f(x)$가 주어진 구간의 모든 점에서 연속일 때, 함수 $f(x)$는 이 구간에서 연속 또는 이 구간에서 연속함수(連續 函數, continuous function)라고 한다. 특히, 함수 $f(x)$가 열린구간 $(a,\ b)$에서 연속이고 $\lim\limits_{x \to a+0} f(x) = f(a),\ \lim\limits_{x \to b-0} f(x) = f(b)$일 때, 함수 $f(x)$는 닫힌구간 $[a,\ b]$에서 연속이라고 한다.

해설

① 두 함수 $f(x)$, $g(x)$가 모두 어떤 구간에서 연속이면 다음 함수도 그 구간에서 연속이다.

- $f(x) \pm g(x)$
- $kf(x)$ (단, k는 상수)
- $f(x)g(x)$
- $\dfrac{f(x)}{g(x)}$ (단, $g(x) \neq 0$)

❷ 최대 · 최소의 정리: 함수 $f(x)$가 닫힌구간 $[a,\ b]$에서 연속이면 $f(x)$는 이 구간에서 반드시 최댓값과 최솟값을 가진다.

❸ 중간값의 정리: 함수 $f(x)$가 닫힌구간 $[a,\ b]$에서 연속이고, $f(a) \neq f(b)$이면 $f(a)$와 $f(b)$ 사이에 있는 임의의 실수 k에 대하여 $f(c) = k$인 실수 c가 열린구간 $(a,\ b)$에 적어도 하나 존재한다.

예) $f(x) = x^3 + 3x - 2$라고 하면 함수 $f(x)$는 닫힌구간 $[-1,\ 1]$에서 연속이고 $f(-1) = -6$, $f(1) = 2$이므로 $f(-1)f(1) < 0$

따라서 $f(c) = 0$인 c가 열린구간 $(-1,\ 1)$에 적어도 하나 존재한다. 즉, 방정식 $x^3 + 3x - 2 = 0$은 열린구간 $(-1,\ 1)$에서 적어도 하나의 실근을 가진다.

✅ 중간값의 정리 활용

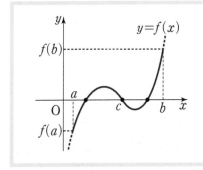

중간값의 정리로부터 함수 $f(x)$가 닫힌구간 $[a,\ b]$에서 연속이고 $f(a)f(b) < 0$이면 $f(c) = 0$인 c가 열린구간 $(a,\ b)$에 적어도 하나 존재한다. 따라서 방정식 $f(x) = 0$은 열린구간 $(a,\ b)$에서 적어도 하나의 실근을 가진다.

연속함수의 응용

체코의 수학자 볼차노(B. P. J. N., Bolzano, 1781~1848)는 함수의 연속성을 최초로 엄밀하게 정의했고, 최대 · 최소 정리, 중간값의 정리를 증명했다. 연속함수의 개념은 코시가 1821년에 처음으로 도입했다고 한다.

자연 현상이나 우리 생활에서 일어나는 많은 형상은 시간의 흐름에 따라 연속적으로 변화한다. 지구 주변을 돌고 있는 인공위성의 운동 궤도나 지각 변동의 상태는 우리 눈으로 직접 볼 수는 없지만 시간의 흐름에 따른 위치나 상태를 그래프로 나타내면 그래프가 끊어지지 않고 연결된 곡선이 됨을 알 수 있다. 이렇게 연속함수는 자연현상이나 실생활의 여러 문제를 이해하는 데 아주 중요한 개념이 된다.

영화 속에서 어떤 형상이 전혀 다른 형상으로 서서히 변화되는 장면을 본 적 있는가? 그것은 하나의 이미지를 다른 이미지로 연속적으로 변형시키는 디지털 시각효과로 모핑 기법이라고 하는데, 수학적 과정으로 프로그래밍을 한 소프트웨어에 의해 처리된다. 이 영화의 기법에는 연속함수라는 수학의 원리가 숨어 있다. 사람이 늑대로, 여자가 표범으로 전혀 다른 두 이미지 각각에 유사한 지점을 정해 점을 찍고 일대일로 대응시켜 대응된 점을 연결하는 연속함수를 만들면 시작점이 끝점으로 변화되는 모습을 볼 수 있는데 두 사진 사이에 대응하는 점이 많아질수록 자연스러운 형상 변형이 이루어진다.

연속함수를 기본 원리로 하는 모핑 기법은 의학계에서 병이나 바이러스의 진행 과정을 보여주거나, 어린 시절의 얼굴을 토대로 성장한 후의 얼굴을 예측하는 몽타주를 만들 때도 사용된다.

마이클 잭슨의 〈블랙 오어 화이트(black or white)〉 뮤직비디오를 보면 인종, 성별, 나이 상관없이 자연스럽게 변하는 얼굴을 보며 신기할 따름이었는데, 이것이 연속함수의 성질과 연관이 있다니 참으로 놀랍지 아니한가. 그 밖에도 영화 〈트렌스포머〉(2007)에서 자동차가 로봇 형상으로 혹은 그 반대로 바뀌거나, 영화 〈트와일라잇〉 시리즈에서 주인공이 늑대로 변하는 장면 등은 현실에서 불가능한 현상을 모핑 기법을 사용하여 자유자재로 변화시킨 것이다.

완전수

정의 완전수(完全數, perfect number)는 자신을 제외한 양의 약수를 모두 더했을 때 자기 자신이 되는 양의 정수를 의미한다. 약수 중에서 자신을 제외한 약수를 '진약수'라고 하는데 어떤 수의 진약수의 합이 원래의 수와 같을 때 그 수를 완전수라 하고, 반면에 원래의 수보다 작을 때는 '결핍수', 원래의 수보다 클 때는 '과잉수'라고 한다.

해설 고대의 그리스 사람들은 네 개의 완전수 6, 28, 496, 8128를 발견하고, 이를 토대로 완전수에 대한 2가지 추측을 했다.

$6 ⇨ 1+2+3=6$

$28 ⇨ 1+2+4+7+14=28$

$496 ⇨ 1+2+4+8+16+\cdots+31=496$

$8128 ⇨ 1+2+4+8+16+32+\cdots+127=8128$

n번째 완전수는 n자리수이고, 완전수의 끝자리는 6과 8이 번갈아 나타난다는 것이다.

그러나 다섯 번째, 여섯 번째 완전수를 발견하고 추측이 틀렸음을 알았다.

다섯 번째 완전수 ⇨ 33550336
여섯 번째 완전수 ⇨ 8589869056

메르센 소수와 완전수

숫자가 커질수록 완전수를 찾기란 쉽지 않음을 알 수 있다. 하지만 유클리드는 서기전 350~300년경에 『기하학 원론』에서 $2^n - 1$이 소수이면 $2^{n-1}(2^n - 1)$은 완전수라는 것을 증명했다. 이후 1700년대에 스위스의 수학자 오일러(Leonhard Euler, 1707~1783)는 짝수인 모든 완전수는 $2^{n-1}(2^n - 1)$ (단, $n \geq 2$인 자연수)의 형태임을 증명했다.

여기서 $2^n - 1$을 만족하는 수를 메르센 소수라고 하는데 메르센 소수와 완전수 사이에는 대응관계가 있음이 증명되었다.

가장 최근에 발견된 메르센 소수는 $2^{74,207,281} - 1$이고, 무려 2,233만 8,618자리에 달하는 수이며 만약 4초 동안 10자리를 쓰는 속도로 이 소수를 공책에 써내려간다면 무려 3개월이 걸린다고 한다. 이

레온하르트 오일러

응
용
하
기

완전수

소수는 미국 센트럴미주리대의 커티스 쿠퍼 교수가 별견했는데, 무료 소프트웨어와 다수의 개인용 컴퓨터를 이용해 소수를 찾는 김프스 프로젝트로 이런 업적을 이루었다.

르네상스 시대에 여러 화가들은 그림 속에 완전수의 의미를 담아 그리기도 했다. 그 시대에 유명한 라파엘로의 〈몽드의 그리스도 책형〉에는 인물들이 십자가를 기준으로 좌우 대칭으로 각 3명씩, 모두 6명이 육각형 형태로 배치되어 있다. 가장 작은 완전수 6을 사용한 것이다. 〈시스티나 성모〉에서도 마찬가지다. 또한 르네상스 3대 거장 중 다른 한 명인 레오나르도 다빈치의 〈최후의 만찬〉에서도 예수를 중심으로 제자들이 양쪽에 6명씩 배치되어 있다. 이처럼 완전수는 특별한 수로 인식되었다. 영화 〈용의자X〉에서도 완전수를 보여주는데, 사랑하는 여인을 위한 완전범죄를 꿈꾸는 수학 교사의 이야기다. 주인공 남자가 여인에게서 받은 쪽지를 『Perfect number』에 꽂아두고 완벽한 알리바이를 설계한다.

라파엘로, 〈몽드의 그리스도 책형〉	라파엘로, 〈시스티나 성모〉

레오나르도 다빈치, 〈최후의 만찬〉

〈용의자X〉 포스터

원주율

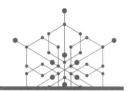

정의   원의 지름을 2배로 늘리면 원주도 2배가 되고 지름을 반으로 줄이면 원주도 반이 된다. 즉, 원주와 지름의 비율은 일정하며 그 비율을 원주율(圓周率, number π)이라고 하고 기호 π로 나타낸다.

해설 $\pi = \dfrac{원주}{지름}$ 로 π의 값은 $3.14159\cdots$이고, 순환하지 않는 무한소수이다. 원주율 π는 수학의 여러 분야에 자주 등장하는 매우 중요한 수이며, 넓이와 부피에서는 다음과 같이 나타난다.

원의 넓이 $= \pi r^2$	타원의 넓이 $= \pi ab$

구의 겉넓이 $= 4\pi r^2$ 구의 부피 $= \dfrac{4}{3}\pi r^3$	원환체의 겉넓이 $= \pi^2(b^2 - a^2)$ 원환체의 부피 $= \dfrac{1}{4}\pi^2(a+b)(b-a)^2$

원주율의 역사

고대부터 많은 사람들이 원주율 π의 정확한 값을 구하기 위해 노력해왔다. 서기전 2000년경 고대 이집트인들은 원주율을 계산하기 위해 다음과 같은 과정을 거쳤다.

❶ 끈의 한 쪽을 막대로 고정하고, 다른 쪽으로 원을 그린다.

❷ 다른 끈을 이용하여 원의 지름을 잰다.

❸ 원의 지름만큼의 끈을 원의 둘레를 따라 둘러 길이를 잰다.

❹ 3번 두르면, 지름의 $\dfrac{1}{7}$ 만큼 남는다. 이렇게 해서 얻은 원주율의

값은 $3 + \dfrac{1}{7} = 3.142857\cdots$이다.

원주율을 나타내는 기호 π는 1706년 영국의 수학자 윌리엄 존스

(William Jones, 1675~1749)가 처음 사용했다. π는 둘레를 뜻하는 고대 그리스어의 머리글자를 딴 것이다. 고대 이집트의 『린드 파피루스』에는 "지름이 9인 원 모양의 밭의 넓이는 한 변이 8인 정사각형의 넓이와 같다"는 기록이 있는데, 이를 계산하면 π의 값은 3.16이다.

그리스의 수학자 아르키메데스(Archimedes, 서기전 287?~212?)는 "한 원에 내접하는 정 n각형의 둘레는 원주보다 짧고 원에 외접하는 정n각형의 둘레는 원주보다 길다"는 사실에 주목했다. n을 충분히 크게 하면 둘레는 원주에 아주 가까워지는데 그는 이것을 이용해서 π의 근삿값을 계산했다.

아르키메데스는 작도법이 나오기도 훨씬 전인 그 당시에 원주율을 알아내기 위해 원에 접하는 정96각형까지 그려내고, 정96각형의 둘레로 구한 원주율의 값은 현재 사용하고 있는 원주율의 값과 소수 둘째 자리까지 정확하게 일치한다. 중국의 조충지는 π의 값을 소수 여섯째 자리까지 정확히 만들었고, 독일 수학자 람베르트(Johann Heinrich Lambert, 1728~1777)는 π가 무리수임을 증명해냈으며, 린데만은 π가 초월수임을 증명해냈고, 1984년 도쿄 대학 팀은 슈퍼컴퓨터로 π의 값을 소수점 아래 1,600만 자리까지 구했다. 원주율 π를 끝까지 쓸 수 없기에 18세기 스위스의 수학자 오일러는 원주율을 π로 나타냈다.

이등변삼각형

정의 이등변삼각형(二等邊三角形, isosceles triangle)은 두 변의 길이가 같은 삼각형이다.

해설 색종이를 이용하여 이등변삼각형을 만들어보자.

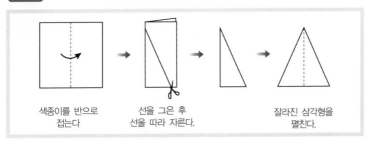

색종이를 반으로   선을 그은 후   잘라진 삼각형을
접는다   선을 따라 자른다.   펼친다.

위의 그림을 이용하면 이등변삼각형의 성질을 알 수 있다.

❶ 이등변 삼각형의 두 밑각의 크기는 같다.

❷ 이등변삼각형의 꼭지각의 이등분선은 밑변을 수직이등분한다.

이등변삼각형의 두 밑각의 크기가 같음을 증명해보자.

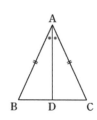

$\overline{AB} = \overline{AC}$인 $\triangle ABC$에서 $\angle A$의 이등분선과
밑변 BC의 교점을 D라고 하면
$\overline{AB} = \overline{AC}$, $\angle BAD = \angle CAD$, $\overline{AD}$는 공통이다.
두 변의 길이가 각각 같고, 그 끼인각의 크기가
같으므로 $\triangle ABD \equiv \triangle ACD$ (SAS 합동)
따라서 $\angle B = \angle C$이다.

이등변삼각형의 꼭지각의 이등분선은 밑변을 수직이등분함을 증명
해보자.

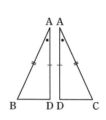

위에서 증명한 것과 같이
$\triangle ABD \equiv \triangle ACD$ (SAS합동)이므로
$\angle ADB = \angle ADC$이고,
$\angle ADB + \angle ADC = 180\,°$이다.
따라서 $\overline{BD} = \overline{DC}$,
$\angle ADB = \angle ADC = 90\,°$이다.

이등변삼각형의 응용

이등변삼각형은 두 변의 길이가 같기 때문에 옛날 사람들은 이등변삼각형 모양의 무기를 많이 사용했다. 이등변삼각형의 무기는 완벽한 균형을 이루고 공기의 저항을 줄여주며 똑바로 날아가기 때문이다.

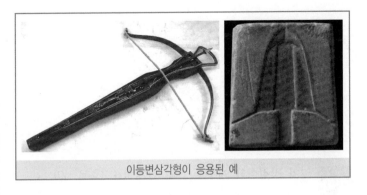

이등변삼각형이 응용된 예

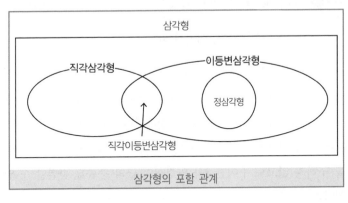

삼각형의 포함 관계

이차 방정식의
판별식

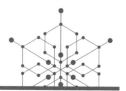

정의 2차 방정식의 계수들 간의 관계식 (기호로, D)

계수가 실수인 2차 방정식 $ax^2 + bx + c = 0 \, (a \neq 0)$의 근은

$x = \dfrac{-b \pm \sqrt{b^2 - 4ac}}{2a}$ 이고, 여기서 $\sqrt{b^2 - 4ac}$ 는 실수이거나 허수이므

로 이 2차 방정식은 복소수 범위에서 반드시 근을 갖는다. 이때 실수
인 근을 실근이라 하고, 허수인 근을 허근이라고 한다. 2차 방정식
$ax^2 + bx + c = 0 \, (a \neq 0)$의 두 근이 실근인지 허근인지는 $b^2 - 4ac$의 부
호에 따라 결정된다. 따라서 판별식(判別式, discriminant)은 직접 근
을 구하지 않고도 주어진 2차 방정식의 근의 종류를 판별할 수 있는
식이다.

해설

✅ 2차 방정식의 근의 판별

계수가 실수인 2차 방정식 $ax^2 + bx + c = 0 \, (a \neq 0)$에서 $D = b^2 - 4ac$라고 할 때,

1. $D > 0$이면 서로 다른 두 실근을 갖는다.

   이때 두 실근은 $x = \dfrac{-b \pm \sqrt{b^2 - 4ac}}{2a}$

2. $D = 0$이면 중근(서로 같은 두 실근)을 갖는다.

   이때 중근은 $x = -\dfrac{b}{2a}$

3. $D < 0$이면 서로 다른 두 허근을 갖는다.

   이때 두 실근은 $x = \dfrac{-b \pm \sqrt{4ac - b^2}\, i}{2a}$

예) 다음 2차 방정식의 근을 판별해보자.

① $x^2 - 4x + 3 = 0 \;\Rightarrow\; D = (-4)^2 - 4 \cdot 1 \cdot 3 = 16 - 12 = 4 > 0$이므로
   　　　　　　　서로 다른 두 실근을 갖는다.

② $x^2 + 2x + 1 = 0 \;\Rightarrow\; D = (2)^2 - 4 \cdot 1 \cdot 1 = 4 - 4 = 0$이므로
   　　　　　　　중근(서로 같은 두 실근)을 갖는다.

③ $2x^2 - 3x + 4 = 0 \Rightarrow D = (-3)^2 - 4 \cdot 2 \cdot 4 = 9 - 32 = -23 < 0$이므로
   　　　　　　　서로 다른 두 허근을 갖는다.

✅ 2차 방정식 $ax^2 - 2b'x + c = 0 \, (a \neq 0)$의 근의 판별식

$ax^2 + bx + c = 0 \, (a \neq 0)$에서 $b = 2b'$이라 하면,

$ax^2 - 2b'x + c = 0 \, (a \neq 0)$이다.

$ax^2 + bx + c = 0 \, (a \neq 0)$의 근 $x = \dfrac{-b \pm \sqrt{b^2 - 4ac}}{2a}$ 이므로

이차방정식의 판별식

$$ax^2 - 2b'x + c = 0 \ (a \neq 0) \text{의 근 } x = \frac{-2b' \pm \sqrt{(2b')^2 - 4ac}}{2a} = \frac{-b' \pm \sqrt{b'^2 - ac}}{a}$$

이다.

즉, $ax^2 - 2b'x + c = 0 \ (a \neq 0)$의 판별식 $D/4 = b'^2 - ac$이다.

2차 방정식의 근

응.
용.
하.
기.

2차 방정식의 근을 구하는 판별식은 페르시아 수학자 무하마드 이븐무사 알콰리즈미(Muhammad ibn Musa Al-Khwarizmi, 780~850)가 고안했다. 그 당시는 음수가 발견되기 전이기 때문에 주로 두 개의 양의 근을 가지는 2차 방정식만을 다루었다. 이후 이탈리아의 카르다노가 음의 근을 인정할 때까지 두 양의 근 중에서도 작은 쪽만을 근으로 인정했다. '알고리즘'의 개념도 알콰리즈미에 의해 탄생했고 그의 이름에서 유래된 것이다.

이항정리

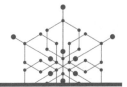

정의
이항정리(二項定理, binomial theorem)는 $(a+b)^n$의 다항식, 즉 이항(두 개의 항)으로 이루어진 다항식을 전개했을 때 각 항의 계수가 어떻게 얻어지는지에 대한 정리다.

임의의 자연수 n에 대하여

$$(a+b)^n = \overbrace{(a+b)(a+b) \; \cdots\cdots \; (a+b)}^{n\text{개}}$$

의 전개식은 n개의 인수 $(a+b)$의 각각에서 a 또는 b를 하나씩 선택하여 곱한 단항식의 합과 같다. 이때 n개의 인수 중 r개의 인수에서 b를 택하고, 남은 $(n-r)$개의 인수에서 a를 택하여 곱하면 $a^{n-r}b^r$이 되고, $a^{n-r}b^r$의 계수는 서로 다른 n개에서 r개를 택하는 조합의 수

$_nC_r$와 같다. 즉, $(a+b)^n$의 전개식에서 $a^{n-r}b^r$의 계수는 $_nC_r$이다. 따라서 $(a+b)^n$을 전개할 때 등식

$$(a+b)^n = {}_nC_0a^n + {}_nC_1a^{n-1}b + {}_nC_2a^{n-2}b^2 + \cdots + {}_nC_ra^{n-r}b^r + {}_nC_nb^n$$

이 성립한다. 이것을 이항정리라고 한다.

해설 $(a+b)^n$의 전개식의 각 항의 계수 $_nC_0, {}_nC_1, \cdots, {}_nC_r, \cdots, {}_nC_n$ 을 이항계수라 하고, 항 $_nC_ra^{n-r}b^r$을 $(a+b)^n$의 전개식의 일반항이라고 한다. 파스칼의 삼각형은 이항계수들을 그대로 옮겨놓은 것이다. $(a+b)^n$의 계수가 그리 크지 않을 경우에는 이 파스칼의 삼각형을 이용하여 계수를 구하면 편리하다.

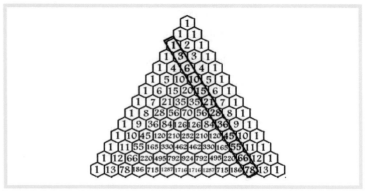

| 파스칼의 삼각형

$$
\begin{array}{cccccccccc}
& & & 1 & & 1 & & & & \leftarrow a+b \\
& & 1 & & 2 & & 1 & & & \leftarrow (a+b)^2 = a+2ab+b^2 \\
& 1 & & 3 & & 3 & & 1 & & \leftarrow (a+b)^3 = a^3+3a^2b+3ab^2+b^3 \\
1 & & 4 & & 6 & & 4 & & 1 & \leftarrow (a+b)^4 = a^4+4a^3b+6a^2b^2+4ab^3+b^4
\end{array}
$$
$$\vdots$$

파스칼이 파스칼의 삼각형을 연구한 것보다 더 오래 전에 중국 남송 (南宋)의 수학자 양휘(楊輝, 1238~1298)가 이 삼각형에 대해 설명한 터라서 중국에서는 '양휘의 삼각형'이라고 부른다. 파스칼의 삼각형 에서 (n,r)번째 수는 $_nC_r$이다. $_nC_r$로 바꿔보면 이항정리의 모습을 하고 있다.

이항정리

$$(a+b)^n = {}_nC_0a^n + {}_nC_1a^{n-1}b + {}_nC_2a^{n-2}b^2 + \cdots + {}_nC_ra^{n-r}b^r + {}_nC_nb^n$$

에서 $a=1, b=x$를 대입하면

$$(1+x)^n = {}_nC_0 + {}_nC_1x + {}_nC_2x^2 + \cdots + {}_nC_nx^n \quad \text{이다.}$$

이것을 버금 공식(딸림 공식)이라고 하는데, 다음의 공식들을 유도하는 데 중요한 역할을 한다.

① $_nC_0 + {}_nC_1 + {}_nC_2 + \cdots + {}_nC_n = 2^n \; [x=1]$

② $_nC_0 - {}_nC_1 + {}_nC_2 - \cdots + (-1)^n{}_nC_n = 0 \; [x=-1]$

③ $_nC_0 + {}_nC_2 + {}_nC_4 + \cdots = 2^{n-1} \; [\dfrac{①+②}{2}]$

④ $_nC_1 + {}_nC_3 + {}_nC_5 + \cdots = 2^{n-1} \; [\dfrac{①-②}{2}]$

　　미분하면, $n(1+x)^{n-1} = {}_nC_1 + 2{}_nC_2x + \cdots + n{}_nC_nx^{n-1}$ 이므로

⑤ $_nC_1 + 2{}_nC_2 + 3{}_nC_3 + \cdots + n{}_nC_n = n \cdot 2^{n-1} \; [x=1]$

⑥ $_nC_1 - 2{}_nC_2 + 3{}_nC_3 + \cdots - n{}_nC_n = 0 \; [x=-1]$

절댓값

정의 절댓값(截對-, absolute value)은 수직선 위의 주어진 수가 0으로부터 얼마나 떨어져 있는지를 의미한다. x의 절댓값은 기호 $|x|$로 나타낸다.

$$|x|= \begin{cases} x & (x \geq 0일\ 때) \\ -x & (x < 0일\ 때) \end{cases}$$

해설 절댓값 기호를 포함한 식의 그래프

	해결 방법	예시
① $y=\|f(x)\|$	$y=f(x)$를 그리고, x축 위는 그대로 두고 x축 아래는 꺾어 올린다.	$y=\|x-2\|$
② $y=f(\|x\|)$	$y=f(x)$를 그리고, $x\geq 0$인 부분만 남기고, y축 대칭한다.	$y=\|x\|-2$
③ $\|y\|=f(x)$	$y=f(x)$를 그리고, $y\geq 0$인 부분만 남기고, x축 대칭한다.	$\|y\|=x-2$
④ $\|y\|=f(\|x\|)$	$y=f(x)$를 그리고, $x\geq 0$, $y\geq 0$ (제 1사분면)인 부분만 남기고, x축, y축, 원점에 대하여 각각 대칭 이동한다.	$\|y\|=\|x\|-2$

절댓값

타원의 방정식과 절댓값

절댓값 기호를 포함한 식의 그래프는 절댓값 기호 안의 식의 값을 0으로 하는 x 또는 y의 값에서 그래프가 꺾인다. 이런 특징을 잘 기억한다면 여러 유형 속에 있는 절댓값 기호를 포함한 식 문제들을 쉽게 해결할 수 있다.

타원의 방정식과 절댓값을 이용해서 하트를 그릴 수 있다.

타원의 방정식 $\dfrac{x^2}{3}+y^2=1$을 $y=x$그래프의 아래쪽을 $y=x$에 대칭시키면 기울어진 하트 모양이 된다. 이것을 이용하여 $x+y=0$을 x축으로, $x-y=0$을 y축으로 바꾸면, $\dfrac{(x+y)^2}{3}+(x-y)^2=1$이 되고, 이 식을 정리하면, $x^2-xy+y^2=\dfrac{3}{4}$이다.

결국은 $x^2-xy+y^2=\dfrac{3}{4}$의 그래프를 $x\geq0$인 부분만 남기고 y축 대칭하면 하트 모양이 되는데, 그 식은 $x^2-|x|y+y^2=\dfrac{3}{4}$이다. 여기에서 상수항을 임의의 수 2로 바꾸면 보기가 좋을 것이다. 그래서 하트 모양 방정식은 $x^2-|x|y+y^2=2$가 된다.

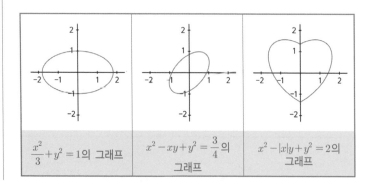

$\dfrac{x^2}{3}+y^2=1$의 그래프	$x^2-xy+y^2=\dfrac{3}{4}$의 그래프	$x^2-|x|y+y^2=2$의 그래프

정다면체

정의 다음 조건을 만족하는 다면체를 정다면체(正多面體, regular polyhedron)라 한다.

① 면이 모두 합동인 정다각형
② 꼭짓점에 모이는 변의 수가 같다.

해설 고대 그리스의 철학자 플라톤은 정다면체의 종류가 다섯 가지라는 것을 발견했다. 그래서 이 정다면체들을 '플라톤의 입체도형'이라고도 한다. 정다면체는 과연 다섯 가지밖에 없을까? 다면체의 꼭짓점에서 만나는 다각형의 내각의 합이 360°미만이고, 꼭짓점에 모이는 변의 수가 3개 이상인 정다면체는 다섯 가지로 유일하다. 정삼각형은 한 내각의 크기가 60°이므로 한 꼭짓점에 모인 면이 6개 이상이면 모인 면의 내각의 크기의 합이 360°보다 크거나 같으므로 입체도형이 될 수 없다. 따라서 각 면이 정삼각형인 정다면체는 한 꼭짓점에 모인 면이 3개, 4개, 5개인 경우뿐이고, 이것은 각각 정사면체, 정팔면체, 정십이면체가 된다. 이와 같은 방법으로 각 면이 정사각형인 정다면체는 한 꼭짓점에 모인 면이 3개인 정육면체뿐이다. 또 각 면이 정오각형인 정다면체는 한 내각의 크기가 108°이므로 한 꼭짓점에 모인 면이 3개인 정십이면체뿐이다. 각 면이 정육각형인 정다면체는 정육각형의 한 내각의 크기가 120°이므로 한 꼭짓점에 모인 면이 3개면 그 합이 360°가 되어 입체도형이 될 수 없다. 따라서 각 면의 변이 6개 이상인 정다각형으로는 정다면체를 만들 수 없다.

정사면체	정육면체	정팔면체	정십이면체	정이십면체
Tetrahedron	Cube	Octahedron	Dodecahedron	Icosahedron

종 류	정사면체	정육면체	정팔면체	정십이면체	정이십면체
한 꼭짓점에 모인 면의 개수	3	3	4	3	5
꼭짓점의 수 (V)	4	8	6	20	12
모서리의 수 (E)	6	12	12	30	30
면의 개수 (F)	4	6	8	12	20
V−E+F (오일러의 법칙)	4−6+4=2	8−12+6=2	6−12+8=2	20−30+12=2	12−30+20=2

다면체와 우주

플라톤(Platon, 서기전 427~347)은 세상은 불, 물, 공기, 흙 네 가지 원소가 완벽한 수학적 질서로 균형을 이루고 있다고 생각했고, 이 원소들은 가장 완벽한 입체인 정다면체로 되어 있다고 믿었다. 가장 가볍고 날카로운 원소인 불은 정사면체, 가장 안정된 원소인 흙은 정육면체, 불안정한 원소인 공기는 바람이 불면 돌아가는 정팔면체, 가장 유동적인 원소인 물은 가장 쉽게 구를 수 있는 정이십면체, 마지막 정십이면체는 우주 전체의 형태를 나타내어 12라는 숫자는 동서양을 막론하고 우주와 깊은 관련성이 있다고 생각했다.

정다면체의 각 면의 무게중심을 잡아 이웃한 중심끼리 연결하면 새롭게 정다면체가 만들어진다. 이 다면체를 처음 다면체와 쌍대다면체(Dual-polyhedron)라고 한다. **쌍대다면체**는 면의 수와 꼭짓점의 수가 서로 대응되며 모서리의 수는 서로 같다. 정육면체와 정팔면체, 정십이면체와 정이십면체는 쌍대정다면체라고 하고, 정사면체는 그 자신과 쌍대라서 **자기쌍대정다면체**라고 한다. 쌍대 다면체끼리는 한 면을 이루는 변의 개수와 한 꼭짓점에 모인 면의 개수가 반대이고, 면의 개수와 꼭짓점의 개수도 반대이지만 모서리의 개수는 같다.

정사면체〉 정사면체	정육면체〉 정팔면체	정팔면체〉 정육면체	정십이면체〉 정이십면체	정이십면체〉 정십이면체

정다면체는 그 안에 새로운 정다면체를 계속 만들 수 있는데 이를 **정다면체의 순환**이라고 한다. 정다면체의 순환 경로는 다음과 같다.

정사면체의 각 모서리의 중점을 연결하면 정팔면체, 정육면체의 4개의 꼭짓점을 연결하면 정사면체, 정팔면체의 각 모서리의 황금비 내분점을 연결하면 정이십면체, 정십이면체의 황금비 사각형을 이용하면 정육면체, 정이십면체의 면의 무게중심을 연결하면 정십이면체가 된다.

| 정사면체〉−정팔면체 | 정육면체〉정사면체 | 정팔면체〉정이십면체 | 정십이면체〉정육면체 | 정이십면체〉정십이면체 |

정적분

정의 함수 $y=f(x)$가 닫힌구간 $[a,b]$에서 연속이고 $f(x) \geq 0$일 때, 곡선 $y=f(x)$와 x축 및 두 직선 $x=a$, $x=b$로 둘러싸인 도형의 넓이 S를 구해보자.

닫힌구간 $[a,b]$를 n등분하여 양 끝점과 각 분점을 차례로 $a=x_0, x_1, x_2, \cdots, x_{n-1}, x_n=b$라 하고, 각 소구간의 길이를 Δx라고 하면 $\Delta x = \dfrac{b-a}{n}$이다.

오른쪽 그림과 같이 n개의 직사각형을 만들고 이 직사각형들의 넓이의 합을 S_n이라고 하면

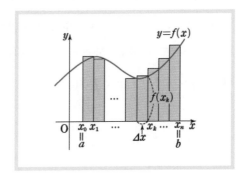

$$S_n = f(x_1)\Delta x + f(x_2)\Delta x + \cdots + f(x_n)\Delta x$$

$$= \sum_{k=1}^{n} f(x_k)\Delta x \text{ 이다.} \qquad \cdots\cdots \text{①}$$

그런데 함수 $y = f(x)$는 닫힌구간 $[a, b]$에서 연속이므로 $n \to \infty$일 때, 즉 $\Delta x \to 0$일 때, ①의 극한값은 도형의 넓이 S에 한없이 가까워진다.

따라서 $S = \lim_{n \to \infty} S_n = \lim_{n \to \infty} \sum_{k=1}^{n} f(x_k)\Delta x$ 이다. $\qquad \cdots\cdots \text{②}$

일반적으로 함수 $y = f(x)$가 닫힌구간 $[a, b]$에서 연속이면 극한값 $\lim_{n \to \infty} \sum_{k=1}^{n} f(x_k)\Delta x$ 는 항상 존재함이 알려져 있다. 이때 ②의 값을 $f(x)$의 a에서 b까지의 정적분(定積分, definite integral)이라 하고, 기호 $\displaystyle\int_a^b f(x)dx$ 로 나타낸다. 여기서 a를 정적분의 아래끝, b를 위끝이라고 한다.

해설

이상을 정리하면, 함수 $f(x)$가 닫힌구간 $[a, b]$에서 연속일 때

$$\int_a^b f(x)dx = \lim_{n \to \infty} \sum_{k=1}^{n} f(x_k)\Delta x \quad \left(\text{단, } \Delta x = \frac{b-a}{n}, \ x_k = a + k\Delta x\right)$$

부정적분은 함수를 나타내므로 $\displaystyle\int f(x)dx \neq \int f(t)dt$이다. 그러나 정적분의 값은 함수 $f(x)$와 상수 a, b의 값에 따라 정해지므로 적분 변수를 다른 문자로 사용해도 그 값은 변하지 않는다. 즉,

$$\int_a^b f(x)dx = \int_a^b f(t)dt = \int_a^b f(y)dy$$

인티그랄

sum(합치다)의 s를 길게 늘어뜨린 형태의 적분기호 $\int$ 는 인티그랄(integral)이라고 읽는데, integral의 영어 의미도 '합치다'이다. $y = f(x)$의 그래프에서 $f(x)$는 함숫값이고, dx는 x의 순간변화율이다. Δx(델타x)는 주어진 구간에서의 x의 변화량인데 dx는 Δx를 무한히 작은 값으로 보내는 극한 개념이다.

예를 들어, 직사각형의 가로의 길이를 Δx라고 하고, 세로방향으로 이등분하면, 가로가 $\dfrac{\Delta x}{2}$가 되고, 두 조각을 다시 세로방향으로 각각 이등분하면, 가로는 $\dfrac{\Delta x}{4}$가 된다. 이 과정을 무한히 반복하면 가로의 길이는 0은 아니지만 0에 무한히 가까운 값이 되는데 이 가로의 길이가 바로 dx이다.

그러므로 $f(x)\,dx$의 의미는 가로 dx와 세로 $f(x)$를 곱한다는 것이다. 넓이의 개념이 된다. $\int_a^b f(x)dx$ 는 결국 "x를 a부터 b까지 변화시키면서 $f(x)$와 dx를 곱한 것을 모두 합친다"는 의미다. 오늘날 미적분학에서 사용하는 미분 기호 $\dfrac{dy}{dx}$와 적분 기호 $\int$ (integral)은 라이프니츠(G. W. Leibniz, 1646~1716)가 처음으로 고안한 것이다.

조건부 확률

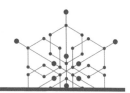

정의 확률이 0이 아닌 두 사건 A, B에 대해 사건 A가 일어났다고 가정했을 때, 사건 B가 일어날 확률을 사건 A가 일어났을 때의 사건 B의 조건부 확률(條件付確率, conditional probability)이라 하고, 기호 $P(B|A)$로 나타낸다.

해설 조건부 확률 $P(B|A)$는 사건 A를 새로운 표본공간으로 생각하고 표본공간 A에서 사건 $A \cap B$가 일어날 확률을 뜻하므로 $P(A) = \dfrac{n(A)}{n(U)}$, $P(A \cap B) = \dfrac{n(A \cap B)}{n(U)}$ 이고, $P(B|A) = \dfrac{n(A \cap B)}{n(A)}$ 이므로

$$P(B|A) = \frac{n(A \cap B)}{n(A)} = \frac{\dfrac{n(A \cap B)}{n(U)}}{\dfrac{n(A)}{n(U)}}$$

$$= \frac{P(A \cap B)}{P(A)} \qquad (\text{단, } P(A) > 0)$$

이다.

✅ 확률의 곱셈 정리 1

두 사건 A, B에 대하여

$P(A \cap B) = P(A)P(B|A) = P(B)P(A|B)$

(단, $P(A) > 0$, $P(B) > 0$)

✅ 확률의 곱셈 정리 2

두 사건 A, B가 서로 독립이기 위한 필요충분조건은

$P(A \cap B) = P(A)P(B)$

(단, $P(A) > 0$, $P(B) > 0$)

'독립'과 '종속' 그리고 '배반'

두 사건 A, B에 대하여 한 사건이 일어나는 것이 다른 사건이 일어날 확률에 영향을 주지 않을 때, 즉 $P(B|A) = P(B|A^c) = P(B)$ 또는 $P(A|B) = P(A|B^c) = P(A)$일 때, 두 사건 A, B는 서로 독립이라고 한다.

또한 두 사건 A, B가 서로 독립이면 A^c과 B, A와 B^c, A^c과 B^c도 각각 서로 독립이다.

반대로, 두 사건 A, B가 서로 독립이 아닐 때, 즉 $P(A|B) \neq P(A)$ 또는 $P(B|A) \neq P(B)$일 때, 두 사건 A, B는 종속이라고 한다. 두 사건 A, B가 종속이면 사건 A가 일어나는 것이 사건 B가 일어날 확률에 영향을 미친다. 그리고 공사건이 아닌 두 사건 A, B가 서로 배반 사건이면 A, B는 서로 종속이다.

여기서 배반이란 뭘까?

표본공간 U의 두 사건 A, B에 대하여 사건 A 또는 사건 B가

일어나는 사건을 $A \cup B$로 나타내고, 사건 A와 B가 동시에 일어나는 사건을 $A \cap B$로 나타낸다.

어떤 시행에서 두 사건 A, B가 동시에 일어나지 않을 때, 즉 $A \cap B = \varnothing$일 때, 사건 A와 B는 배반이라 하고, 두 사건 A, B는 서로 배반 사건이라고 한다. 사건 A와 A의 여사건 A^c에 대하여 $A \cup A^c$은 반드시 일어나는 사건이므로 $A \cup A^c = S$이고, $A \cap A^c = \varnothing$이므로 A와 A^c은 배반 사건이다.

또한 배반 사건과 독립 사건은 자주 혼동되는 용어인데, 서로 전혀 관련이 없다. 독립 사건은 사건 A가 사건 B에 영향을 주지 않는 상태다. 즉, $P(A \cap B) = P(A) \times P(B)$를 만족한다. 배반 사건은 공통분모가 없는 상태다. 즉, $P(A \cap B) = 0$임을 잊지 말자.

증가함수, 감소함수

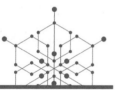

정의

✅ **구간에서의 증가와 감소**

함수 $y = f(x)$가 어떤 구간에 속하는 임의의 두 실수 x_1, x_2에 대하여 $x_1 < x_2$일 때 $f(x_1) < f(x_2)$이면 함수 $y = f(x)$는 그 구간에서 증가한다고 하고, 이때의 함수 $y = f(x)$를 증가함수(增加函數, increasing function)라고 한다.

$x_1 < x_2$일 때 $f(x_1) > f(x_2)$이면 함수 $y = f(x)$는 그 구간에서 감소한다고 하고, 이때의 함수 $y = f(x)$를 감소함수(減少函數, decreasing function)라고 한다.

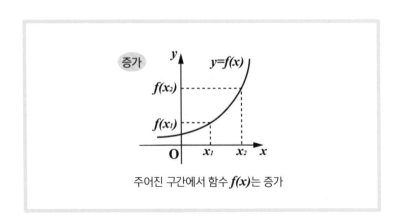

주어진 구간에서 함수 **f(x)**는 증가

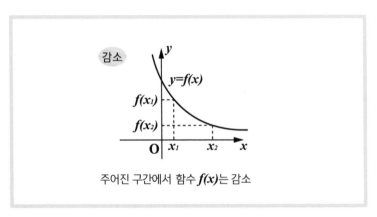

주어진 구간에서 함수 **f(x)**는 감소

✅ 도함수를 이용한 증가와 감소

함수 $y = f(x)$가 $x = a$에서 미분가능할 때

❶ $f'(a) > 0$이면 $f(x)$는 $x = a$에서 증가상태에 있다.

❷ $f'(a) < 0$이면 $f(x)$는 $x = a$에서 감소상태에 있다.

단, 역은 성립하지 않는다.

✅ 점에서의 증가와 감소

함수 $y = f(x)$에서 충분히 작은 모든 양수 h에 대하여

$f(a-h) < f(a) < f(a+h)$가 성립하면 $f(x)$는 $x=a$에서 증가상태에 있다고 한다.

함수 $y=f(x)$에서 충분히 작은 모든 양수 h에 대하여 $f(a-h) > f(a) > f(a+h)$가 성립하면 $f(x)$는 $x=a$에서 감소상태에 있다고 한다.

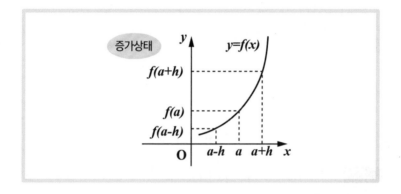

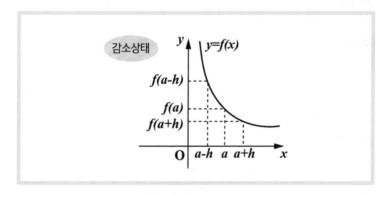

※ 함수의 '증가, 감소'를 판단할 때는 구간을 생각하고, '증가상태, 감소상태'를 판단할 때는 한 점을 생각한다.

직사각형

정의   직사각형(直四角形, rectangle)은 네 내각의 크기가 같은 사각형이다.

해설   네 내각의 크기가 같으면 두 쌍의 대각의 크기가 각각 같으므로 직사각형은 평행사변형이다. 즉, 직사각형은 평행사변형의 특수한 경우이므로 평행사변형의 성질을 모두 만족한다. 따라서 직사각형의 두 쌍의 대변의 길이는 각각 같고 두 대각선은 서로 다른 것을 이등분한다.

직사각형은 두 대각선의 길이가 같고 서로 다른 것을 이등분한다. 두 대각선의 길이가 서로 같음을 증명해보자.

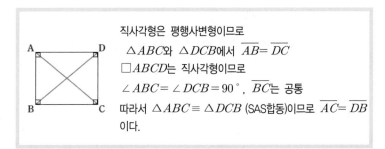

직사각형은 평행사변형이므로

△ABC와 △DCB에서 $\overline{AB} = \overline{DC}$

□ABCD는 직사각형이므로

∠ABC = ∠DCB = 90°, $\overline{BC}$는 공통

따라서 △ABC ≡ △DCB (SAS합동)이므로 $\overline{AC} = \overline{DB}$
이다.

한편, 사각형은 변의 길이와 각의 크기에 따라 여러 가지 종류가 있다.

❶ 사다리꼴: 한 쌍의 대변이 평행한 사각형

❷ 등변사다리꼴: 한 쌍의 대변이 평행하고, 그 평행한 두 변 중 하나의
양 끝 각의 크기가 같은 사각형

❸ 평행사변형: 두 쌍의 대변이 각각 평행한 사각형

❹ 직사각형: 네 내각의 크기가 같은 사각형

❺ 마름모: 네 변의 길이가 같은 사각형

❻ 정사각형: 네 변의 길이가 같고 네 내각의 크기가 같은 사각형

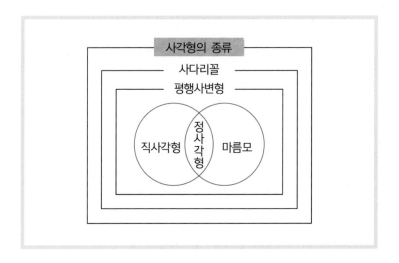

황금비와 다양한 사각형들

흔히 1:1.618을 황금비라고 하는데, 가로와 세로의 비가 황금비를 이루는 사각형을 황금사각형이라고 한다. 황금사각형은 가장 안정적인 비율을 지닌 도형이며, 대표적인 건축물이 파르테논 신전이다.

각 선분을 연장한 선분이 도형 안을 지나가는 사각형을 오목사각형이라고 하고, 연장한 모든 선분이 도형 안을 지나가지 않는 사각형을 볼록사각형이라고 한다. 우리가 알고 있는 대부분의 사각형은 볼록사각형이고, 오목사각형은 특별한 경우에만 생각한다.

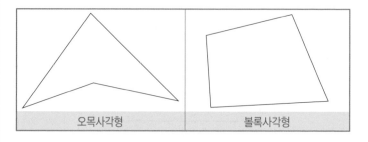

오목사각형 / 볼록사각형

여러 가지 사각형의 관계를 알아보자.

성 질	사다리꼴	평행사변형	직사각형	마름모	정사각형
두 쌍의 대변이 각각 평행	×	O	O	O	O
두 쌍의 대변의 길이가 각각 같음	×	O	O	O	O
두 쌍의 대각의 크기가 각각 같음	×	O	O	O	O
두 대각선이 서로 다른 것을 이등분함	×	O	O	O	O
두 대각선의 길이가 서로 같음	×	×	O	×	O
두 대각선이 서로 수직	×	×	×	O	O

마름모의 어원은 '마름'이라는 식물 이름에서 유래되었다. 마름의 잎이 마름모와 유사하다. 마름모는 일제강점기로부터 해방 직후 까지 능(菱)형으로 불렸는데 여기서 능(菱)이 바로 마름을 뜻한 다. 능형을 해방 후 마름(菱)과 모서리를 나타내는 모를 합쳐 순 우리말로 마름모라고 바꾸었다.

직사각형의 의미를 알았으면 테트라스퀘어(TetraSquare)를 해보 자. 테트라스퀘어는 격자 모양의 문제지에 드문드문 숫자가 씌어

있는 형태의 퍼즐이고, 문제지를 조건에 맞도록 영역을 분할하는 형태의 퍼즐이다.

조건은 세 가지. 첫째, 영역은 정사각형 또는 직사각형, 둘째, 각 영역은 숫자를 하나만 포함, 셋째, 영역이 포함한 하나의 숫자는 그 영역의 면적을 의미한다.

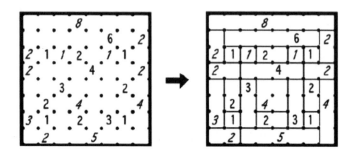

타원

정의

타원(楕圓, ellipse)은 두 정점으로부터 거리의 합이 일정한
점들의 자취다.

해설

❶ 표준형

- $\dfrac{x^2}{a^2}+\dfrac{y^2}{b^2}=1 \ (a>b>0) \Rightarrow$ 초점$(\pm c,0)$이 , 장축의 길이가 $2a$인
  타원 (단, $c^2=a^2-b^2$)

- $\dfrac{x^2}{a^2}+\dfrac{y^2}{b^2}=1 \ (b>a>0) \Rightarrow$ 초점이 $(0,\pm c)$, 장축의 길이가 $2b$인
  타원 (단, $c^2=b^2-a^2$)

❷ 기울기가 m인 접선의 방정식 $\Rightarrow$ 타원 $\dfrac{x^2}{a^2}+\dfrac{y^2}{b^2}=1 \ (a>b>0)$의

기울기가 m인 접선의 방정식은 $y=mx \pm \sqrt{a^2m^2+b^2}$

❸ 곡선상의 점(x_1, y_1)에서의 접선의 방정식 ⇒ 타원

$\dfrac{x^2}{a^2} + \dfrac{y^2}{b^2} = 1 \ (a > b > 0)$ 위의 점(x_1, y_1)에서의 접선의 방정식은

$\dfrac{x_1 x}{a^2} + \dfrac{y_1 y}{b^2} = 1$

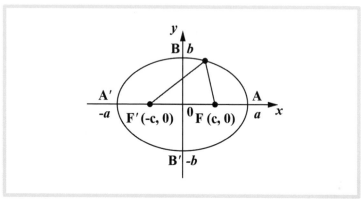

❘ $\dfrac{x^2}{a^2} + \dfrac{y^2}{b^2} = 1 \ (a > b > 0)$의 그래프

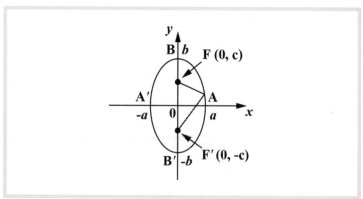

❘ $\dfrac{x^2}{a^2} + \dfrac{y^2}{b^2} = 1 \ (b > a > 0)$의 그래프

타원의 매직

원뿔곡선의 성질과 응용의 기초를 세운 아폴로니우스(서기전 262~190)는 원뿔을 잘랐을 때 생기는 곡선을 체계적으로 정리하여『원뿔곡선론』을 남겼다. 여기에서 타원은 Ellipse(부족하다), 포물선은 Parabola(일치한다), 쌍곡선은 Hyperbola(초과한다)라는 용어를 처음으로 사용했다.

원뿔을 밑면과 평행하게 자르면 원(Circle)이 되고, 모선과 밑면이 이루는 각보다 작게 자르면 길쭉한 원 즉 타원이 되고, 모선과 평행하게 자르면 포물선이 나오고, 모선과 밑면이 이루는 각보다 크게 자르면 쌍곡선이 된다. 이 곡선들을 원뿔곡선(Conic Curve)이라고 한다.

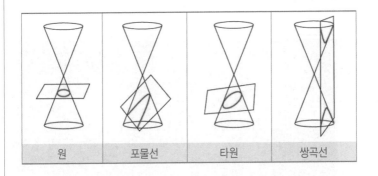

원	포물선	타원	쌍곡선

그럼 실생활에서 타원은 어떤 활약을 하고 있는가?

타원은 한 초점에서 불을 밝히면 또 다른 초점에 빛이 모이게 하는 성질이 있는데, 이 성질을 이용해서 만든 의료 기구에는 신장결석파쇄기가 있다. 이 기구는 수술을 하지 않고도 환자의 신장에 있는 결석을 안전하게 제거해주는 것으로 엑스선 형광 투시경을 이용하여 환자의 신장결석이 타원의 다른 초점에 일치하도록 환자를 고정하고, 충격파를 쏘아 타원체의 면에 반사되어 신장의 결석을 부수는 원리이다.

영국 런던의 세인트 폴 대성당(성 바오로 대성당)의 속삭이는 회랑(whispering gallery)에 가서 한쪽 복도에서 벽에 대고 속삭이면 건너편 복도에서 뚜렷이 잘 들린다고 한다. 이는 속삭이는 회랑이 타원형의 돔 형태의 구조를 가져서 한쪽 초점에서 말한 소리가 사방에 퍼졌다가 다른 초점에 모이기 때문이라고 한다. 그래서 공연장이나 뮤직홀을 설계할 때 이 성질을 고려하면 홀 내에 소리가 잘 전달되고, 소리가 잘 조화되는 좋은 공연장이 될 수 있다. 세인트 폴 대성당을 설계한 크리스토퍼 렌(Christopher Wren)은 기하학에 조예가 깊은 건축가라는데, 이런 타원의 성질을 잘 알고 설계한 것으로 보인다.

세인트 폴 대성당의 '속삭이는 회랑'

평행이동

> **정의**
>
> 평행이동(平行移動, parallel transference)은 점이나 도형을 회전시키지 않고 좌표축에 평행하게 이동시키는 것이다.

> **해설**

✅ 점의 평행이동

점 $P(x, y)$를 x축으로 p만큼, y축으로 q만큼 평행이동한 점의 좌표를 $Q(x', y')$라 하면 $x' = x + p, \; y' = y + q$ 이다.

이 평행이동을 기호로 나타내면, $f(x, y) \rightarrow f(x + p, y + q)$ 이다.

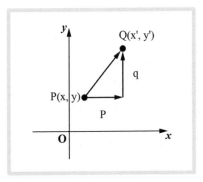

✅ 도형의 평행이동

도형 $f(x,y)=0$을 x축의 방향으로 p만큼, y축의 방향으로 q만큼 평행이동한 도형의 방정식은 $f(x-p, y-q)=0$이다.

이 평행이동을 기호로 나타내면 $f(x,y)=0 \to f(x-p, y-q)=0$이다.

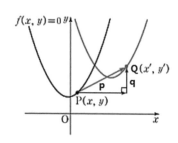

도형 $f(x,y)=0$ 위의 점 $P(x,y)$를 x축의 방향으로 p만큼,
y축의 방향으로 q만큼 평행이동한 점을 $Q(x',y')$라고 하면,
$x'=x+p,\ y'=y+q$ 이므로
$x=x'-p,\ y=y'-q$ 이다.

그런데 점 $P(x,y)$는 $f(x,y)=0$을 만족하므로 $f(x'-a, y'-b)=0$
이 성립한다. 따라서 점 $Q(x',y')$은
$f(x-p, y-q)=0$을 만족한다.

여러 도형의 평행이동

로그 함수의 평행이동

- $y=\log_a x$를 x축의 방향으로 p만큼, y축의 방향으로 q만큼 평행
이동하면 $y-q=\log_a(x-p)$ 즉, $y=\log_a(x-p)+q$이다.

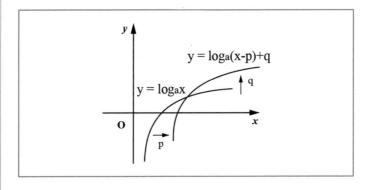

포물선의 평행이동

포물선 $y^2=4px$를 x축의 방향으로 α만큼, y축의 방향으로 β만큼
평행이동하면 $(y-\beta)^2=4p(x-\alpha)$이다. 이때 초점은 $(\alpha+p,\beta)$,
준선은 $x=-p+\alpha$, 꼭짓점은 (α,β), 축의 방정식은 $y=\beta$이다.

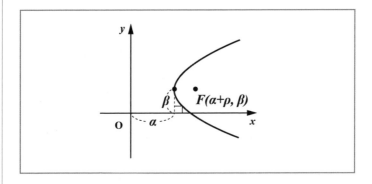

포물선 $x^2 = 4py$를 x축의 방향으로 α만큼, y축의 방향으로 β만큼 평행이동하면 $(x-\alpha)^2 = 4p(y-\beta)$이다. 이때 초점은 $(\alpha, \beta+p)$, 준선은 $y = -p + \beta$, 꼭짓점은 (α, β), 축의 방정식은 $x = \alpha$이다.

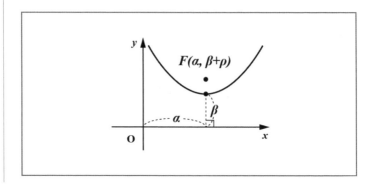

포물선

정의
포물선(抛物線, parabola)은 평면 위의 한 정점과 이 점을 지나지 않는 한 정직선에서 같은 거리에 있는 점들의 자취다.

해설

❶ 표준형

- $y^2 = 4px$ ⟹ 초점이 $(p, 0)$, 준선이 $x = -p$인 포물선

- $x^2 = 4py$ ⟹ 초점이 $(0, p)$, 준선이 $y = -p$인 포물선

❷ 포물선 $y^2 = 4px$의 기울기가 m인 접선의 방정식은 $y = mx + \dfrac{p}{m}$

❸ 포물선 $y^2 = 4px$ 위의 점 (x_1, y_1)에서의 접선의 방정식은

$y_1 y = 2p(x + x_1)$

포물선

$$y^2 = 4px \ (p \neq 0)$$

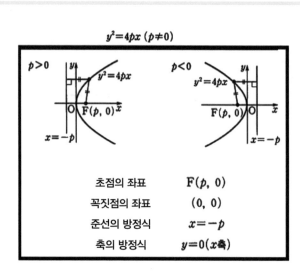

초점의 좌표	$F(p, 0)$
꼭짓점의 좌표	$(0, 0)$
준선의 방정식	$x = -p$
축의 방정식	$y = 0(x축)$

$$x^2 = 4py \ (p \neq 0)$$

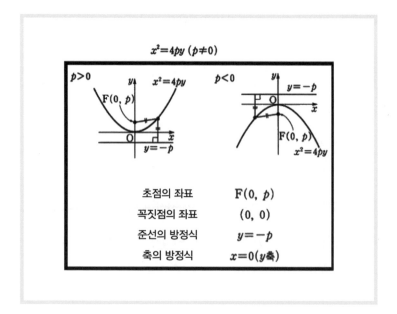

초점의 좌표	$F(0, p)$
꼭짓점의 좌표	$(0, 0)$
준선의 방정식	$y = -p$
축의 방정식	$x = 0(y축)$

프랙탈

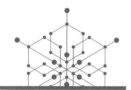

정의   프랙탈(fractal)은 부분과 전체가 닮은 모양으로 끊임없이 반복되는 구조다.

해설   생활 주변에서 다양한 프랙탈 구조를 찾을 수 있다.
프랙탈은 폴란드 태생의 프랑스 수학자 베노이트 만델브로트(Benoit Mandelbrot, 1924~2010)가 처음으로 연구했다.
만델브로트는 1967년 『사이언스』지에 「영국 해안선의 총길이는 어떻게 되는가」라는 논문을 발표했다.
구불구불한 해안선의 길이를 잴 때 자의 길이가 짧아질수록 해안선의 길이가 길어지고 정확해짐을 알 수 있다.
프랙탈은 라틴어 'fractus'에서 따온 것으로 부서진 상태라는 의미이며, 프랙탈 구조를 지닌 도형은 자기유사성과 순환성이라는 특징이 있다.

분수를 'fraction'이라고 하는데 프랙탈의 차원을 구하면 분수가 된다. 만델브로트는 1975년 프랙탈 이론을 확립한 이후에 경제학, 정보과학, 물리학 등 여러 곳에 프랙탈을 적용했다.

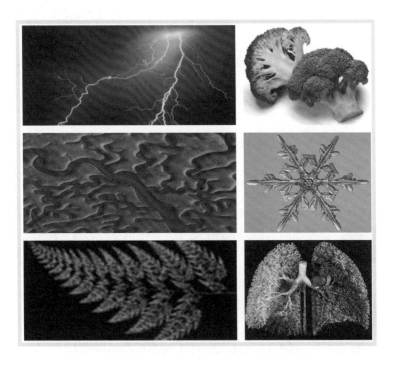

다양한 프랙탈 구조

1. 코흐 곡선: 1904년 스웨덴의 수학자 코흐((H. von Koch, 1870
   ~1924)가 고안한 대표적인 프랙탈 곡선이다. 코흐 곡선을 그
   리는 방법은 먼저 한 개의 선분을 그려 3등분하고, 가운데의
   $\frac{1}{3}$부분을 삭제한 다음 삭제한 부분에 길이가 $\frac{1}{3}$인 두 변을 정
   삼각형의 두변처럼 바깥쪽으로 연결하여 그린다. 만들어진 각
   변에 대해 위의 과정을 계속 반복한다.

코흐곡선	단계	선분 개수	각 선분 길이	코흐곡선 길이
	0단계	1	1	1
	1단계	4	$\frac{1}{3}$	$\frac{4}{3}$
	2단계	4^2	$(\frac{1}{3})^2$	$(\frac{4}{3})^2$
	3단계	4^3	$(\frac{1}{3})^3$	$(\frac{4}{3})^3$
...	...	...	...	...
	n단계	4^n	$(\frac{1}{3})^n$	$(\frac{4}{3})^n$

2. 코흐 눈송이: 코흐 눈송이는 정삼각형에서부터 출발하여 '코흐
   곡선'과 같은 방법으로 그린다. 먼저 정삼각형을 그리고, 정삼
   각형의 각 변을 3등분하여 가운데의 $\frac{1}{3}$부분을 삭제하고, 삭제
   한 부분에 길이가 $\frac{1}{3}$인 두 변을 정삼각형의 두 변처럼 바깥쪽
   으로 연결하여 그린다. 만들어진 각 변에 대해 위의 과정을
   계속 반복한다.

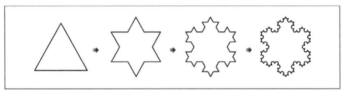

단계	선분 개수	각 선분 길이	코흐 눈송이 둘레
0단계	3	1	3
1단계	3×4	$\dfrac{1}{3}$	$3 \times 4 \times \dfrac{1}{3} = 4$
2단계	3×4^2	$(\dfrac{1}{3})^2$	$3 \times 4^2 \times (\dfrac{1}{3})^2 = 3 \times (\dfrac{4}{3})^2$
3단계	3×4^3	$(\dfrac{1}{3})^3$	$3 \times 4^3 \times (\dfrac{1}{3})^3 = 3 \times (\dfrac{4}{3})^3$
4단계	3×4^4	$(\dfrac{1}{3})^4$	$3 \times 4^4 \times (\dfrac{1}{3})^4 = 3 \times (\dfrac{4}{3})^4$
...	...	...	...
n단계	3×4^n	$(\dfrac{1}{3})^n$	$3 \times (\dfrac{4}{3})^n$

그 밖에도 수학적인 프랙탈은 다음과 같다.

시어핀스키	멩거스펀지-색종이 이용

프랙탈 구조와 예술을 접목시켜 신비한 '프랙탈 아트'를 만들어냈
는데 컴퓨터의 발전 덕에 더욱 발달하게 되었다.

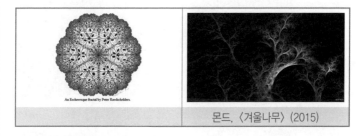

몬드, 〈겨울나무〉 (2015)

| 학생 작품 1 | 학생 작품 2 |

우리도 색종이와 가위만 있으면 쉽게 프랙탈 아트를 할 수 있다.
다음은 프랙탈 카드를 만드는 과정이다.

단계 설명	펼친 모습

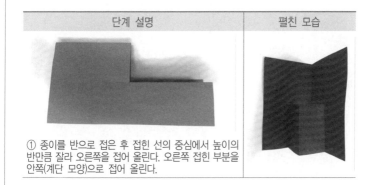

① 종이를 반으로 접은 후 접힌 선의 중심에서 높이의
반만큼 잘라 오른쪽을 접어 올린다. 오른쪽 접힌 부분을
안쪽(계단 모양)으로 접어 올린다.

단계 설명	펼친 모습

② 앞 ①의 새로 생긴 두 밑변의 가운데를 오른쪽 부분의 높이의 반만큼 자르고, 다른 쪽도 같은 방법으로 자른 다음, 오른쪽을 접어 올린다. 오른쪽 접힌 부분을 안쪽(계단 모양)으로 접어 올린다.

③ 앞 ②의 방법을 반복한다.

④ 같은 과정을 가능한 만큼 반복한다. 여러 번 반복할수록 더욱 정교한 모양이 된다. 만든 프랙탈 카드 속지와 카드 겉지를 풀로 겹쳐 붙인 뒤 예쁘게 장식한다.

피보나치 수열과 황금비

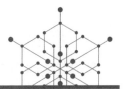

정의 피보나치 수열(fibonacci sequence)의 각 항은 선행하는 두 항의 합이다. $a_n = a_{n-1} + a_{n-2}$

$$1, \ 1, \ 2, \ 3, \ 5, \ 8, \ 13, \ 21, \ 34, \ 55, \ 89, \ \cdots\cdots$$

황금비(파이, phi, ϕ)는 어떤 양을 두 부분으로 나누었을 때 각 부분의 비가 가장 균형 있고 아름답게 느끼는 비율을 의미한다.

해설 피보나치의 본명은 레오나르도 다 피사(Leonardo da pisa, 1175~1250)인데, 피보나치 (Fibonacci)라는 이름이 오늘날까지 전해지는 것은 자신의 저서 『산반서』에 소개된 문제 때문이다. 19세기 프랑스 수학자 에두와르 루카(Edouard Lucas)가 그 문제의 해답인 수열을 피보나치의 수열이라고 소개했다.
피보나치 수열은 신비롭고 아름다운 기하학적 비율인 황금비를 만들

어낸다. 피보나치 수열에서 앞뒤 숫자의 비율을

$\dfrac{2}{1}, \dfrac{3}{2}, \dfrac{8}{5}, \dfrac{13}{8}, \dfrac{21}{13}, \dfrac{34}{21}, \dfrac{55}{34}, \dfrac{89}{55}\cdots$ 식으로 무한대로 행하면 $1.618\cdots\cdots$

즉, 황금비에 수렴하게 된다.

유클리드의 『원론』에 따르면 선분 AB의 길이를 $x:1$ (단, $x > 1$)로 내분하는 점 C에 대하여 $\overline{AB}:\overline{AC} = \overline{AC}:\overline{CB}$이 성립할 때를 황금분할이라 하고, x를 황금비라고 한다.

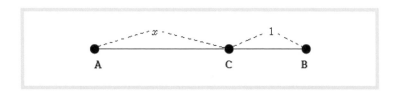

$x+1:x = x:1$ 이 성립하므로 $x^2 = x+1$, $x^2 - x - 1 = 0$이어야 한다. 이차방정식의 근의 공식에 의하여 $x = \dfrac{\sqrt{5} \pm 1}{2}$이다. 단, $x > 1$이므로

$x = \dfrac{\sqrt{5}+1}{2} \fallingdotseq 1.61803 \cdots\cdots$이다.

피보나치 수열과 황금비

『산반서』에 소개된 문제는 다음과 같다.

"생후 1개월 된 토끼 암컷, 수컷 한 쌍이 있다. 생후 2개월이 되면 새끼를 낳을 수 있다. 또 그 후에는 매달 암수 한 쌍씩 새끼를 낳는다. 태어난 2마리의 새끼 토끼도 같은 방법으로 새끼를 낳는다면 매월 초에는 암수가 몇 쌍이 될까?"

해답은 다음 표와 같고, 토끼 쌍의 수가 1, 1, 2, 3, 5, 8, 13, ······ 이 되는데 이 수가 곧 피나보치 수열이다.

기간	내 용	토끼 수 (단위:쌍)
		1
1달 후		1
2달 후		2
3달 후		3
4달 후		5
5달 후		8

피보나치 수열과 황금비는 해바라기 꽃씨의 배열, 선인장의 나선 배열, 소나무의 솔방울의 배열, 파인애플 눈의 배열, 국화 꽃잎의 배열과 같이 우리 주변의 자연에서도 찾을 수 있다.

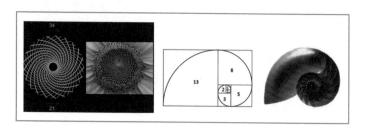

또한 많은 고대 건축물과 미술 작품들에도 적용되었고, 오늘날에는 주민등록증, 신용카드, 담뱃값의 가로, 세로의 비율에까지 광범위하게 쓰이고 있다. 신용카드의 가로, 세로는 각각 약 8.6cm, 5.35cm이다. $\frac{8.6}{5.35} = 1.6074 \cdots\cdots$로 황금비와 거의 흡사하다.

가로와 세로의 비가 황금비를 이루는 사각형을 황금사각형이라고 한다. 황금사각형은 가장 안정적인 비를 가지고 있는 도형이며 대표적인 건축물이 파르테논 신전이다.

고대의 비너스 상   그리스의 파르테논 신전

피타고라스의 정리

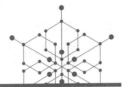

정의 피타고라스의 정리(Pythagorean theorem)는, 직각삼각형에서 그 직각에 대항하는 빗변의 제곱은 직각을 만드는 두 변의 제곱의 합과 같다는 것이다.

해설 피타고라스의 정리는 다음과 같이 증명된다.

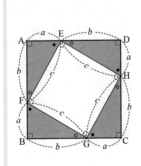

□ABCD와 □EFGH는 정사각형이고,

$\overline{EF} = \overline{FG} = \overline{GH} = \overline{HE}$이고, •+∘= 90° 이므로

$\triangle AEF \equiv \triangle DHE \equiv \triangle CGH \equiv \triangle BFG$이다.

□ABCD의 넓이

$= \triangle AEF$의 넓이 × 4 + □EFGH의 넓이

$$(a+b)^2 = \frac{1}{2}ab \times 4 + c^2$$

$$a^2 + 2ab + b^2 = 2ab + c^2$$

$$\therefore a^2 + b^2 = c^2$$

이 밖에도 피타고라스의 정리를 증명하는 방법은 수백 가지가 있다. 그만큼 쉽고 간단하기 때문이다. 피타고라스의 정리를 이용한 다양한 해법은 다음과 같다.

✅ 정삼각형의 높이와 넓이

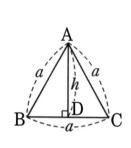

점 A에서 내린 수선의 발을 점 D라고 하면,
$$\overline{AB}^2 = \overline{AD}^2 + \overline{BD}^2 \text{이므로}$$
$$a^2 = \left(\frac{a}{2}\right)^2 + h^2$$
$$h^2 = \frac{3}{4}a^2 \qquad h = \sqrt{\frac{3}{4}}a \qquad \therefore h = \frac{\sqrt{3}}{2}a$$

$\triangle ABC$의 넓이$= \frac{1}{2}ah$
$$= \frac{1}{2}a \times \frac{\sqrt{3}}{2}a = \frac{\sqrt{3}}{4}a^2$$

✅ 직사각형 안의 한 점에서 꼭짓점에 이르는 거리

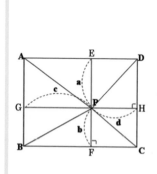

직사각형 안에 임의의 점 P를 잡는다. 점 P를 지나고 $\overline{AB}$에 평행인 선을 그어 $\overline{AD}$와 만나는 점을 E, $\overline{BC}$와 만나는 점을 F라고 하자. 또 점 P를 지나고 $\overline{BC}$에 평행인 선을 그어 $\overline{AB}$와 만나는 점을 G, $\overline{CD}$와 만나는 점을 H라고 하자.

$\overline{PE} = a, \overline{PF} = b, \overline{PG} = c, \overline{PH} = d$라고 하면,
$$\overline{PA}^2 = a^2 + c^2, \quad \overline{PB}^2 = b^2 + c^2$$
$$\overline{PC}^2 = b^2 + d^2, \quad \overline{PD}^2 = d^2 + a^2 \text{이다.}$$
그러므로 $\overline{PA}^2 + \overline{PC}^2 = \overline{PB}^2 + \overline{PD}^2$

피타고라스보다 앞선 '피타고라스의 정리'

고대 이집트인들은 3개의 밧줄에 각각 3:4:5의 비율로 매듭을 만들고 그 3개의 밧줄로 정삼각형을 만들었다. 이집트인들은 이 삼각형은 반드시 가장 긴 변의 대각이 직각이 된다는 것을 알고 있었다. 서기전 1세기 무렵에 완성된 것으로 보이는 중국의 천문·수학서인 『주비산경(周髀算經)』에는 3,000여 년 전에 진자(陳子)라는 사람이 고안했다는 '진자의 정리'를 적어 놓았다. 이것이 삼국시대 신라에는 '구고현법(句股弦法)'으로 알려져 첨성대, 불국사 등을 건축할 때 활용되었다. 3, 4, 5를 활용한 이 구고현의 비례가 고려청자나 거북선 그리고 건축물에도 두루 이용되었으니 과연 우리 민족은 일찍이 수학에 깊은 이해를 가졌음에 틀림없다.

피타고라스 동상(그리스 사모스 섬)

그리스의 수학자 피타고라스의 이름이 붙어 있기는 하지만 피타고라스(서기전 540년경)보다 1,000년 이상이나 앞선 함무라비 왕조 시대의 바빌로니아에서도 이미 이 정리는 유명했다. 피타고라스의 이름이 붙은 것은 최초로 이 정리를 문자화하여 남긴 사람이 피타고라스 학파였기 때문일 것이다.

어린 피타고라스가 장작을 지고 가는데 수학자 탈레스가 장작이 효율적으로 쌓인 모양을 보고서는 피타고라스를 제자로 삼았다는 이야기가 전한다. 피타고라스는 피타고라스 학파를 만들고 수학뿐 아니라 자연과학, 철학 등을 연구했지만 펜타그램(Pentagram)이 갖는 황금비를 신비롭게 여겨 부적처럼 몸에 지니고 다니기도 하는 등 종교적 성향이 강했다. 피타고라스와 그의 제자들은 삼각형의 내각의 합이 180° 인 것을 비롯하여 정오각형, 황금분할의 작도법을 증명해냈지만 무리수는 발견하고도 인정하지 않았다.

'피타고라스의 정리'는 수천 년간 변하지 않은 이론이었지만 공간 개념이 생기면서 맞지 않다는 것을 알게 되었다. 이는 지도를 만들 때의 어려움과 비행기를 타고 갈 때 도착 시간의 최단거리가 지도상의 최단거리와 왜 다른지와 관련이 있다.

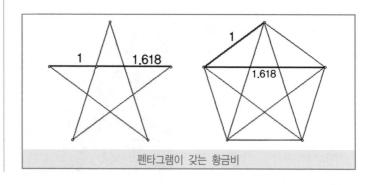

펜타그램이 갖는 황금비

한붓그리기

정의 한붓그리기(traversable network)는 연필을 종이에서 떼지 않고, 동일한 선을 두 번 이상 지나지 않도록 어떤 선을 그리는 것으로, 그래프 이론에서 오일러 경로(Euler path, Eulerian path)라고 한다.

해설 1736년 독일의 쾨니히스베르크(Konigsberg) 다리 문제를 해결하기 위해 수학자이자 물리학자인 오일러가 처음으로 고안했다. 쾨니히스베르크의 다리 문제란 임의의 한 점에서 출발하여 일곱 개의 다리를 단 한 번만 지나서 출발점으로 되돌아올 수 있는가 하는 문제로, 오일러는 모든 다리를 단 한 번만 거쳐서는 절대 출발한 지점으로 돌아올 수 없다고 결론지었다. 오일러는 이 쾨니히스베르크 다리 문제를 연필을 떼지 않고 선을 한 번씩만 그릴 수 있는가 하는 한붓그리기 문제로 바꿔서 생각한 것이다.

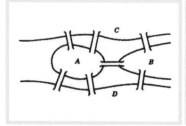
| 쾨니히스베르크의 다리

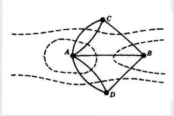
| 오일러의 그래프 표현

몇 개의 선과 그 끝점으로 이루어져 있고, 전체가 연결되어 있는 도형을 선형도형이라고 하는데, 선형도형의 점은 그곳에 나타나 있는 선의 개수가 짝수일 때를 짝수점, 홀수일 때를 홀수점이라 하며, 어떠한 점도 짝수점이거나 홀수점이다.

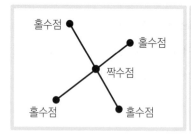

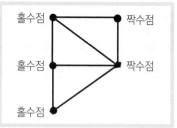

오일러는 한붓그리기를 할 수 있는 도형의 특징을 다음과 같이 정리했다.

- 홀수점의 수가 0개 또는 2개인 도형만이 한붓그리기를 할 수 있다.
- 홀수점이 0개인 경우는 출발점과 도착점이 일치한다.
- 홀수점이 2개인 경우는 한 홀수 점은 출발점이 되고, 다른 홀수 점은 도착점이 된다.

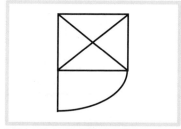
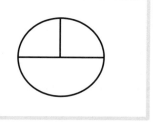

| 한붓그리기 가능(홀수점 2개) | 한붓그리기 불가능(홀수점 4개) |

한붓그리기의 응용

동물원이나 놀이공원에 갈 때 중복된 길을 가지 않고 주어진 시간 안에 효율적으로 즐길 수 있는 방법을 찾다보면 그것이 한붓그리기의 법칙이다. 세일즈를 하거나 해외여행을 가려고 도시 간의 여행 계획을 짤 때도 최적 경로를 찾기 위해 한붓그리기를 하면 된다. 일상에서 단순한 한붓그리기 법칙을 쓰지 않는다면 엉뚱한 곳을 빙빙 돌다가 오거나 한 번 간 곳을 여러 번 지나게 될 수도 있다. 또한 모든 도로를 중복 없이 한번 씩만 지나도록 효율적으로 청소차 운행 계획, 우편배달부의 배달 경로를 짤 수도 있고, 전신주의 전기선을 효율적으로 배치할 때도 필요하다.
오일러 경로의 회로는 점과 선으로 이루어진 도형을 연구하는 그래프 이론의 중요한 연구 주제로 교통공학, 컴퓨터 네트워크, 컴퓨터 칩의 설계 등의 다양한 분야에서 활용되고 있다.

함수

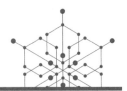

정의 두 집합 X, Y에 대하여 집합 X의 원소 x에 집합 Y의 원소 y가 오직 하나씩 대응할 때, 이 대응을 집합 X에서 집합 Y로의 함수(函數, function)라고 한다.

해설 함수를 f라 할 때, 기호로 $f:X \to Y$와 같이 나타낸다. 이때 집합 X를 함수 f의 정의역, 집합 Y를 함수 f의 공역이라고 한다. 또한 y가 x의 함수임을 $y=f(x)$와 같이 나타내고, $f(x)$를 x에서의 함

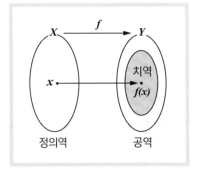

숫값이라고 한다. 함수 f의 함숫값 전체의 집합을 함수 f의 치역이라고 한다. 함수의 치역은 항상 공역의 부분집합이다.

함수의 탄생과 역할

함수는 자판기에 있는 모든 버튼을 누른다고 가정하면 고장 나지 않은 음료자판기 시스템과 유사하다. 음료자판기 버튼을 누르면 그에 해당되는 음료 1개가 나온다. 콜라 버튼이 여러 개 있어도 그중 콜라 버튼 하나를 누르면 어김없이 1개가 나온다. 한꺼번에 2개가 나오거나 아예 나오지 않으면 고장 난 자판기다. 고장 난 자판기는 함수가 아니다. 그리고 자판기 안에 음료가 남아 있어도 고장 난 것은 아니다. 버튼은 집합 X의 원소 x이고, 나오는 음료는 집합 Y의 원소 y라고 생각하면 된다. 버튼을 누르는 것은 집합 X의 원소 x에 집합 Y의 원소 y를 대응시키는 것에 해당된다. 사다리 타기는 함수일까? 사다리 타기는 선을 어떻게 연결하더라도 결코 겹치지 않고 한 사람이 한 개를 선택하는 함수다. 이런 함수를 특별히 일대일대응 함수라고 한다. 함수를 나타내는 f는 독일의 수학자 라이프니츠(Gottfried Wilhelm von Leibniz, 1646~1716)가 처음 사용했고, 이후 오일러(Leonhard Euler, 1707~1783)가 대응하는 함수라는 뜻으로 $f(x)$를 쓰기 시작했다.

하지만 함수라는 용어를 처음 사용한 사람은 청나라 수학자 이선란(李善蘭)이다. 19세기 중반 오늘날의 함수의 정의와는 달리 '함수=수식'이라는 사고방식이 팽배해 있을 때, 이선란이 그대로 받아들여 '函數'라는 용어를 새로 만든 것이고, 함수는 "다른 변수를 포함하는 수식으로 표현되는 변수"의 준말이 어원이 되는 셈이다. 평면에 두 개의 좌표축을 세우고, 가로에 놓인 것을 x축, 세로에 놓인 것을 y축, 두 축이 만나는 점을 원점 O이라 하고, 이를 좌표평면이라 한다. 함수 $y=f(x)$를 만족하는 모든 x, y를 순서쌍 (x, y)로 하여 좌표평면 위에 나타낸 것을 함수의 그래프라고 한다. 좌표평면은 "나는 생각한다. 고로 나는 존재한다"는 유명한 명언을 남긴 프랑스의 수학자이며 철학자인 데카르트(Descartes)가 어릴 적 몸이 약해 주로 누워서 생활하다 천장에 붙어 있는 파리를 보고 파리의 위치를 수로 표현할 수 없을까 고민하다가 아이디어를 떠올렸다고 한다.

"귀뚜라미는 가난한 사람의 온도계"라는 미국 속담이 있는데, 실제로 귀뚜라미는 옛 아메리카 인디언들의 온도계 역할을 했다고 한다. 귀뚜라미는 어떻게 온도계 역할을 하며 기온을 알려줄 수 있었을까? 귀뚜라미의 우는 횟수와 기온은 일차함수와 관계가 있는 것으로 알려져 있다. 귀뚜라미는 외부 온도에 따라 활동성이 달라지는 외온 동물이다. 즉, 온도가 낮아질수록 대사활동 속도가 늦어지고 울음소리를 반복하는 속도도 늦어진다. 기온이 높은 여름에는 빠르고 시끄럽게 울고, 가을에는 기온이 낮아지면서 울음소리의 속도가 늦어진다.

15세기까지 사람들은 비스듬히 발사된 물체는 발사된 방향으로 날아가다가 일정 시간 후에 수직으로 낙하한다고 생각했다. 이탈리아 수학자 니콜로 타르탈리아(Niccolo F. Tartaglia, 1499~1557)는 포탄이 발사된 방향으로 날아가다가 수직으로 툭 떨어지는 것이 아니라 곡선을 그리며 움직인다는 것과 발사각의 크기가 45°일 때 가장 멀리 날아간다는 것을 알아냈다. 그러나 타르탈리아는 발사된 물체가 왜 그와 같은 곡선을 그리며 날아가는지는 알지 못했다. 발사된 물체가 그리는 곡선이 포물선임을 밝힌 사람은 갈릴레이(1564~1642)이다. 훗날 뉴턴(1642~1727)은 중력의 개념을 바탕으로 비스듬히 던져진 물체의 높이와 시간의 관계를 나타내는 2차 함수의 식 $[y = ax^2 + bx + c \ (a \neq 0)]$을 구했다.

함수의 극한

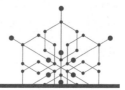

정의 함수 $f(x)$에서 x가 a와 다른 값을 가지면서 a에 한없이 가까워질 때, 함수 $f(x)$의 값이 일정한 값 α에 한없이 가까워지면 함수 $f(x)$는 α에 수렴한다고 하고, α를 $x=a$에서 함수 $f(x)$의 극한 또는 극한값이라고 한다.

이것을 기호 $\lim\limits_{x \to a} f(x) = \alpha$ 또는 $x \to a$일 때 $f(x) \to \alpha$로 나타낸다.

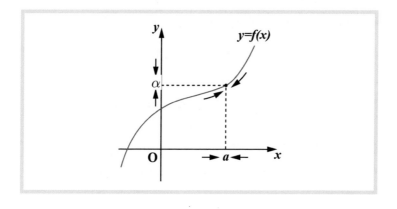

해설 함수의 극한(函數-極限, limit of function)이 존재한다는 것은 우극한과 좌극한이 모두 존재하고 그 값이 같을 때를 의미한다.

$$\lim_{x \to a+0} f(x) = \lim_{x \to a-0} f(x) = \alpha \iff \lim_{x \to a} f(x) = \alpha$$

❶ x가 a보가 큰 값을 가지면서 a에 한없이 가까워질 때, $f(x)$의 값이 일정한 값 α에 한없이 가까워지면 α를 $x = a$에서의 $f(x)$의 우극한이라 하고, 기호 $\lim\limits_{x \to a+0} f(x) = \alpha$로 나타낸다.

❷ x가 a보다 작은 값을 가지면서 a에 한없이 가까워질 때, $f(x)$의 값이 일정한 값 α에 한없이 가까워지면 α를 $x = a$에서의 $f(x)$의 좌극한이라 하고, 기호 $\lim\limits_{x \to a-0} f(x) = \alpha$로 나타낸다.

✅ **함수의 극한에 관한 기본 성질**

$\lim\limits_{x \to a} f(x) = \alpha$, $\lim\limits_{x \to a} g(x) = \beta (\alpha, \beta$는 실수)일 때

❶ $\lim\limits_{x \to a} kf(x) = k\alpha$ (단, k는 실수)

❷ $\lim\limits_{x \to a} \{f(x) \pm g(x)\} = \lim\limits_{x \to a} f(x) \pm \lim\limits_{x \to a} g(x) = \alpha \pm \beta$ (복부호 동순)

❸ $\lim\limits_{x \to a} f(x)g(x) = \lim\limits_{x \to a} f(x) \lim\limits_{x \to a} g(x) = \alpha\beta$

❹ $\lim\limits_{x \to a} \dfrac{f(x)}{g(x)} = \dfrac{\lim\limits_{x \to a} f(x)}{\lim\limits_{x \to a} g(x)} = \dfrac{\alpha}{\beta}$ (단, $g(x) \neq 0$, $\beta \neq 0$)

❺ $f(x) \leq g(x)$이면 $\alpha \leq \beta$

❻ $f(x) \leq h(x) \leq g(x)$이고 $\alpha = \beta$이면 $\lim\limits_{x \to a} h(x) = \alpha$

제논의 역설

그리스의 철학자 제논(Zenon, 서기전 490?~425?)의 역설 중에 유명한 역설이 '아킬레스와 거북이의 경주'다. 제논은 천하의 마라톤 선수인 아킬레스라도 느려터지기로 유명한 거북이보다 뒤에서 출발한다면 결코 거북이를 따라잡을 수 없다고 주장했다. 아킬레스가 거북이보다 10배 빠르고, 거북이에게 넉넉하게 한 100m 앞에서 먼저 달리게 한다고 해도 아킬레스는 눈 깜짝할 사이에 100m를 달려 거북이의 자리에 위치한다. 그리고 같은 시간 역시 열심히 달리던 거북이는 1m 정도 더 앞으로 나가 있다고 하자. 또 다시 아킬레스는 1cm를 달리면, 거북이는 0.1mm 앞서가고, 다시 0.1mm를 달리면, 0.001mm 앞에 거북이가 위치한다. 제논의 역설에 내포된 문제는 19세기에 극한에 대한 개념이 정립된 후 해결되었다.

$$100 + 10 + 0.1 + \cdots\cdots = \frac{100}{1 - 0.1} = \frac{1000}{9} \text{(m)}$$ 이므로 아킬레스는 $\frac{1000}{9}$

(m)를 달린 후에 거북이를 따라잡을 수 있다. 제논의 역설은 현실과 도저히 일치하지 않는 주장이었던 것이다. 함수의 극한을 응용하여 아킬레스가 거북이를 추월하는 순간을 논리적으로 설명할 수 있었다.

함수의 극한에 가장 크게 공헌한 사람은 프랑스 수학자 코시(A. L. Cauchy, 1789~1857)다. 17세기에는 극한의 개념이 확실하지 않아 여러 가지 문제가 발생했는데 코시는 '$\epsilon - \delta$논법'을 써서 극한의 개념을 확립했고, 이를 기초로 함수의 극한, 연속성, 미적분의 기본 정리 등을 체계화할 수 있었다. 그리하여 코시는 오늘날 '함수론의 아버지'로 불린다.

행렬

정의 행렬(行列, matrix)은 수나 식을 직사각형 모양으로 괄호 안에 배열한 것이다.

해설 $A = \begin{pmatrix} a_{11} & a_{12} & \cdots & a_{1n} \\ a_{21} & a_{22} & \cdots & a_{2n} \\ \vdots & \vdots & \vdots & \vdots \\ a_{m1} & a_{m2} & \cdots & a_{mn} \end{pmatrix}$ 일 때, $a_{11}, a_{12}, \cdots, a_{mn}$을 이 행렬의 원소

(元素, elements)라고 하고, 가로를 행(行, row), 세로를 열(列, column)이라고 한다.

또한 i행 j열의 성분을 a_{ij}라고 하며, 행렬의 크기는 $m \times n$이다. 특히, $m = n$일 때, n차 정사각행렬이라고 한다.

❶ 행렬의 연산

두 행렬 $A = \begin{pmatrix} a_{11}\ a_{12} \\ a_{21}\ a_{22} \end{pmatrix}$, $B = \begin{pmatrix} b_{11}\ b_{12} \\ b_{21}\ b_{22} \end{pmatrix}$ 일 때,

1) $A + B = \begin{pmatrix} a_{11} + b_{11}\ a_{12} + b_{12} \\ a_{21} + b_{21}\ a_{22} + b_{22} \end{pmatrix}$

2) $A - B = \begin{pmatrix} a_{11} - b_{11}\ a_{12} - b_{12} \\ a_{21} - b_{21}\ a_{22} - b_{22} \end{pmatrix}$

3) $kA = \begin{pmatrix} ka_{11}\ ka_{12} \\ ka_{21}\ ka_{22} \end{pmatrix}$ (단, k는 실수)

4) $AB = \begin{pmatrix} a_{11}\ a_{12} \\ a_{21}\ a_{22} \end{pmatrix}\begin{pmatrix} b_{11}\ b_{12} \\ b_{21}\ b_{22} \end{pmatrix} = \begin{pmatrix} a_{11}b_{11} + a_{12}b_{21}\ a_{11}b_{12} + a_{12}b_{22} \\ a_{21}b_{11} + a_{22}b_{21}\ a_{21}b_{12} + a_{22}b_{22} \end{pmatrix}$ $(AB \neq BA)$

❷ 역행렬(逆行列, inverse matrix): 영행렬 O가 아닌 임의의 정사각행렬 A에 대해 $AX = XA = E$를 만족하는 X가 존재할 때, X를 A의 역행렬이라 하고, 기호로 A^{-1}로 나타낸다.

행렬 $A = \begin{pmatrix} a\ b \\ c\ d \end{pmatrix}$에서

1) $ad - bc \neq 0$일 때, A의 역행렬이 존재하고,

$A^{-1} = \dfrac{1}{ad - bc}\begin{pmatrix} d\ -b \\ -c\ a \end{pmatrix}$

2) $ad - bc = 0$ 일 때, A의 역행렬은 존재하지 않는다.

행렬에 관한 연구는 서기전 4세기일 것이라 추측되고 있지만 연구 결과의 기록은 구체적으로 서기전 2세기의 것부터 남아 있다. 한 왕조 때인 서기전 200년에서 100년 사이에 쓰인 수학서 『구장산술(九章算術)』에서 최초로 행렬에 관한 문제를 다루는 해법을 설명하고 있다. 이것은 서기전 4세기경 바빌로니아인들이 연립 1차 방정식을 풀어낸 해법과 유사한 것이었다. 그러나 중국인

들은 바빌로니아인들보다 행렬의 개념에 더 가깝게 다가섰다. 연구를 위한 수단이 갖춰지는 17세기 말이 되어서야 르네상스를 맞이하여 '선형대수학'의 이름으로 크게 발전하게 된다. 이어서 제2차 세계대전을 거치며 컴퓨터의 발달과 더불어 20세기 후반에 '행렬이론'이라는 이름으로 제2의 르네상스를 구가하고 있다. 행렬에 관한 연구는 연립 1차 방정식의 연구에서 비롯되었다.

아서 케일리(Arthur Cayley, 1821~1895)는 행렬을 처음으로 연구했고, 어떤 방정식을 행렬로 간단히 나타낸 다음 행렬을 계산하고, 결과로 나온 행렬을 다시 방정식의 꼴로 바꿀 수 있게 되었다. 또한 해밀턴과 함께 모든 정사각행렬에 대해 만족하는 방정식을 발견했다. 그것이 바로 '케일리-해밀턴 정리'다.

임의의 2차 정사각형렬 $A = \begin{pmatrix} a\ b \\ c\ d \end{pmatrix}$에 대하여

$A^2 - (a+d)A + (ad-bc)E = 0$이 성립한다.

케일리 이후에 행렬에 대한 연구로 큰 업적을 남긴 사람은 변호사이자 수학자인 조지프 실베스터(James Joseph Sylvester, 1814~1897)다. 그는 행렬이라는 이름을 짓기도 했다.

오늘날 행렬은 데이터 암호화와 암호 해독, 컴퓨터 그래픽의 오브젝트 매니퓰레이션, 연립 선형 방정식의 풀이, 양자역학 연구, 물리학적 강체의 운동 분석, 그래프 이론, 게임 이론 등 수많은 분야에 이용되고 있다.

현수선

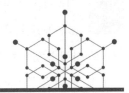

정의 현수선(懸垂線, catenary)은 전선이나 목걸이처럼 각 부분의 굵기와 무게가 같은 줄을 양쪽 끝을 고정했을 때 자연스럽게 생기는 곡선이다.

현수선의 식은 $y = a\cos h\dfrac{x}{a}$ 또는 $y = \dfrac{a}{2}(e^{\frac{x}{a}} + e^{-\frac{x}{a}})$ 로 나타낼 수 있다.

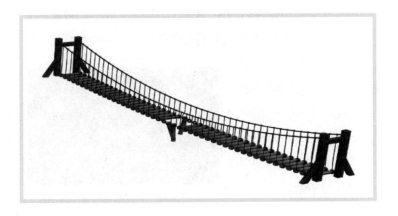

해설 현수선은 중력에 의해 생기는 것으로, 포물선과 비슷하지만 2차 곡선이 아니다. 현수선에 일정한 간격으로 같은 크기의 힘으로 아래 방향으로 당기면 현수선을 그리던 곡선은 2차 함수의 그래프, 즉 포물선으로 변한다.

현수선은 예술이나 건축에도 자주 이용되는데, 아치 모양의 구조물이 가장 안정적인 상태를 유지하기 위해서는 현수선을 거꾸로 뒤집은 모양이 되어야 한다고 알려져 있다. 우리나라의 영종대교, 남해대교, 미국의 금문교와 같이 우리가 흔히 현수교라고 부르는 다리의 강철 케이블이 나타내는 곡선은 실제로는 포물선에 더 가깝다. 강철 케이블 외에 여러 가지 보조물을 달게 되면 현수선과 포물선의 중간 형태가 되기 때문이다.

현수선을 이용한 위대한 건축물

응.용.하.기.

현수선이 계속 아래로 처지지 않고 모양을 이루며 균형을 이루는 것은 중력에 상응하는 줄의 위쪽 방향으로 작용하는 힘, 즉 줄의 방향으로의 장력이 있기 때문이다. 현수선을 위아래로 뒤집어서 아치 모양을 만들면 이 또한 현수선의 모양이 되는데, 이를 이용하여 아치교를 만들면 가장 안정적이다. 이는 현수선이 중력에 대하여 줄 방향의 장력만으로 지탱되는 것과 마찬가지로 아치의 각 지점이 아치 곡선 방향의 압력만으로 지탱하는 것이 가능하기 때문이다.

가우디의 사그라다파밀리아(성가족) 성당

현수선 모양의 다리가 가장 많은 무게를 버티는 것은 다리 위로 사람이나 차가 지나가게 되면 다리가 힘을 받고 그 힘을 보조 케이블이 나누어 가지며 주 케이블에 전달한다. 이때 받은 힘이 분산되며 다리가 안전하게 버틸 수 있게 된다.

금문교(Golden Gate Bridge, 미국)

아카시 해협 대교
(세계에서 가장 긴 현수교, 일본)

이순신대교(주탑이 가장 높은 현수교, 한국)

확률

정의 확률(確率, probability)은 어떤 사건이 일어날 가능성의 정도를 수치로 나타낸 것이다.

❶ 수학적 확률:

$\dfrac{A에 속하는 근원사건의 개수}{근원사건의 총 개수} = \dfrac{n(A)}{n(S)}$ 를 사건 A가 일어날 수학적 확률이라 말하고, $P(A)$로 나타낸다. 이 때 근원사건 각각이 기대 정도가 같거나 또는 같은 정도로 확실할 때에만 적용할 수 있다.

❷ 통계적 확률:

어떤 조건에서 실험 또는 관측한 자료의 수를 N이라 하고, 그 중에서 어떤 사건 A가 일어난 횟수를 a라 할 때, $\dfrac{a}{N}$를 통계적 확률 또는 경험적 확률이라 한다.

```
해설
```

✔ 확률 학습 방법 순서

❶ 경우의 수를 구하는 방법을 이해한다.

- 수형도: 나무의 가지 모양으로 뻗어나가고 있는 그림으로 중복되거나 빠뜨리지 않고 계산할 수 있다.

  예) 1, 2, 3의 숫자 세 개로 만들 수 있는 세 자리의 자연수는 몇 개인가?

```
      ┌ 2 ── 3 = 123
   1 ─┤
      └ 3 ── 2 = 132
      ┌ 1 ── 3 = 213
   2 ─┤
      └ 3 ── 1 = 231
      ┌ 1 ── 2 = 312
   3 ─┤
      └ 2 ── 1 = 321
```

  세 자리 자연수는 위와 같이 6개다.

- 합의 법칙: 두 사건 A, B가 동시에 일어나지 않을 때, 사건 A가 일어나는 경우의 수가 m가지, 사건 B가 일어나는 경우의 수가 n가지이면 사건 A 또는 사건 B가 일어나는 경우의 수는 $(m+n)$가지이다.

  예) 과일 3가지, 채소 2가지 중에 과일 또는 채소를 선택하는 경우의 수는? 과일 3가지와 채소 2가지이므로 과일 또는 채소를 선택하는 경우의 수는 3+2=5가지이다.

- 곱의 법칙: 두 사건 A, B에 대하여 사건 A가 일어나는 경우의 수가 m가지, 사건 B가 일어나는 경우의 수가 n가지이면 사건

A와 사건 B가 동시에 일어나는 경우의 수는 $(m \times n)$가지이다.

예) 음식 3가지, 음료 2가지 중에 음식과 음료를 동시에 선택하는 경우의 수는? 음식 3가지, 음료 2가지이므로 음식과 음료를 동시에 선택하는 경우의 수는 3×2=6가지이다.

❷ **순열의 수와 조합의 수를 구하는 방법을 이해한다.**

- 순열(順列, permutation): 서로 다른 n개 중에서 r개를 택해 순서대로 나열하는 방법의 수를 n개에서 r개를 택하는 순열의 수라고 하며, 기호로 $_nP_r$로 나타낸다.

$$_nP_r = n(n-1)(n-2) \cdots (n-r+1) = \frac{n!}{(n-r)!}$$

예) 네 개의 문자 a, b, c, d 중에 두 개의 문자를 택해 일렬로 놓는 경우의 수는 ab, ac, ad, ba, bc, bd, ca, cb, cd, da, db, dc의 12가지다. 이것은 4개 중 2개를 택한 순열이므로 $_4P_2 = 4 \times 3 = 12$가지다.

- 조합(組合, combination): 서로 다른 n개 중에서 r개를 택하는 방법의 수를 n개에서 r개를 택하는 조합의 수라고 하며, 기호로 $_nC_r$로 나타낸다.

$$_nC_r = \frac{_nP_r}{r!} = \frac{n!}{r!(n-r)!}$$

예) 다섯 개의 문자 a, b, c, d, e 중에 두 개의 문자를 택하는 경우의 수는 ab, ac, ad, ae, bc, bd, be, cd, ce, de의 10가지다. 이것은 5개 중 2개를 택하는 조합의 수

$$_5C_2 = \frac{5!}{2!(5-2)!} = \frac{5 \times 4 \times 3 \times 2 \times 1}{2 \times 1 \times 3 \times 2 \times 1} = 10가지다.$$

- 중복순열: 서로 다른 n개 중에서 중복을 허용하여 r개를 택하여 일렬로 나열하는 방법의 수를 n개에서 r개를 택하는 중복순열의 수라고 하며, 기호로 $_n\Pi_r$로 나타낸다.

$$_n\Pi_r = n^r$$

예) 세 숫자 1, 2, 3으로 다섯 자리 자연수를 만드는 경우의 수는? 다섯 자리 모두 1, 2, 3 세 숫자가 들어갈 수 있으므로 $3 \times 3 \times 3 \times 3 \times 3 = 3^5$이다. 그러므로 세 숫자 1, 2, 3 중에서 중복을 허용하여 순서대로 다섯 번 선택하는 경우이므로 $_3\Pi_5$이다.

- 원순열: 서로 다른 n개의 원소를 원형으로 배열하는 순열

$$원순열의 \ 수 \ = \ (n-1)! = \frac{_nP_n}{n}$$

예) 부모 2명과 아이 6명을 원탁에 앉힐 때, 부모 사이에 아이 한 명을 앉히는 원순열의 수는? [부, 아이, 모]를 하나로 생각하여 남은 아이 5명과 함께 6명을 원형으로 세우는 경우의 수는 $(6-1)! = 5!$가지, 부모가 자리를 바꾸는 경우의 수는 2!

가지, 부모 사이의 아이를 한 명 선택하는 경우의 수는 6가지다. 그러므로 $5! \times 2! \times 6$가지다.

- 중복조합: 서로 다른 n개 중에서 중복을 허용하여 r개를 택하는 방법의 수를 n개에서 r개를 택하는 중복조합의 수라고 하며, 기호로 $_nH_r$로 나타낸다.

$$_nH_r = {}_{n+r-1}C_r$$

예) $x+y+z=5$를 만족시키는 x, y, z의 양의 정수근의 쌍의 개수는? 양수근이어야 하므로 x, y, z은 모두 1개 이상이다. x, y, z 중에 5개를 택하는 방법의 수이므로 세 문자를 우선 1개씩 먼저 뽑고, 3개만 더 뽑으면 된다.

그러므로 $_3H_3 = {}_{3+3-1}C_3 = {}_5C_3 = \dfrac{5!}{3!\,2!} = 10$가지다.

❸ **확률의 뜻을 정확히 파악한다.**

- 확률의 덧셈 정리: 두 개의 사건 A, B에 대하여 사건 A와 B가 동시에 일어나지 않을 때, A 또는 B가 일어날 확률은 P(A)+P(B) 이다.

- 두 개의 사건 A, B에 대하여 사건 A와 B가 동시에 일어나지 않을 때, A와 B가 연이어 일어날 확률은 P(A)×P(B) 이다.

- 확률을 구하는 방법을 구체적인 예시를 활용하여 학습한다.

파스칼의 확률 연구

드 메레(Chevalier de Mere)라는 도박사 친구가 어느 날 파스칼(Blaise Pascal, 1623~1662)에게 편지를 보냈다. 편지의 내용은 "A, B 두 사람이 32피스톨씩 걸고 내기를 했는데 한 번 이기면 1점을 얻는 게임에서 3점을 먼저 얻는 사람이 64피스톨을 모두 갖기로 했다. A가 먼저 2점을 따고 B가 1점을 땄는데 그만 게임이 중단되었다. 그럼 64피스톨을 어떻게 분배하면 좋겠는가?" 하는 문제였다.

편지를 받은 파스칼은 페르마(Pierre de Fermat, 1601~1665)에게 알리고, 각자 다른 방법으로 해법을 찾으면서 확률에 대한 연구가 시작되었다. 하지만 확률의 역사는 도박과 관련해서 본다면 그 전에 시작된 것이다. 79년, 베수비오 산의 대분화로 폼페이가 잿더미 속에 파묻혔고, 그로부터 약 1,000년 후에 발굴된 폼페이에서 속임수 주사위가 발견되었다. 그 후 갈릴레오는 주사위 도박에 관한 글을 쓰기도 했다. '확률론'이라는 수학으로서의 확률이 파스칼과 페르마의 편지에서 시작되었다고 볼 수 있다.

자료 출처 및 참고문헌

▮ 수학

12쪽 내용(브라주카 만들어보기): http://dl.dongascience.com/magazine/view/M201406N012

33쪽 사진(로바체프스키): http://terms.naver.com/entry.nhn?docId=389132&cid=41978&categoryId=41985

34쪽 사진(기하학원론): http://blog.naver.com/kirro/220205440568

34쪽 사진(리만): http://terms.naver.com/entry.nhn?docId=3533877&cid=58541&categoryId=58541

35쪽 사진(오른쪽): http://m.blog.naver.com/napluto/220548086962

54쪽 그림 및 사진: http://blog.naver.com/forfriend5/220478991707

55쪽 그림(클라인병): http://sodyssey.egloos.com/m/2868670

56쪽 사진(그리는 손): http://blog.naver.com/rpfl1004/90110805288

56쪽 사진(불개미): http://young.hyundai.com/magazine/life/detail.do?seq=14329

59쪽 사진: http://blog.naver.com/tndplus/220953086049

62쪽 사진(칸토어): http://blog.naver.com/kirro/220205440568

80쪽 사진: http://blog.daum.net/k3124/156

88쪽 사진(수막새): http://m.blog.daum.net/kelim/15714912

113쪽 그림: http://blog.naver.com/mrbobmath/220845988818

123쪽 사진(오일러): http://navercast.naver.com/contents.nhn?rid=22&contents_id=304

124쪽 그림(몽드의 그리스도 책형): http://bbs.catholic.or.kr/bbs/bbs_view.asp?num=1&id=194455&menu=4779

124쪽 그림(시스티나 성모): http://www.jinjuart.co.kr/shop/item.php?it_id=1411704215

125쪽 사진(용의자X 포스터): http://favorite1978.tistory.com/2293

131쪽 사진(오른쪽): http://terms.naver.com/entry.nhn?docId=1436816&cid=46713&categoryId=46749

156쪽 사진: http://blog.naver.com/PostView.nhn?blogId=a308501&logNo=10103156466&parentCategoryNo =&categoryNo=52&viewDate=&isShowPopularPosts=true&from=search

157쪽 사진: http://www.doopedia.co.kr/doopedia/master/master.do?_method=PhotoView2&MAS_IDX= 101013000839558&MIM_IDX=101014002168792

162쪽 사진: http://blog.naver.com/mari690/220642786751

170쪽 사진: http://blog.naver.com/PostView.nhn?blogId=happy_day555&logNo=220376638764&categoryNo =21&parentCategoryNo=0&viewDate=&currentPage=1&postListTopCurrentPage=1&from=postView

173쪽 사진(겨울나무): https://twitter.com/fractalarts

178쪽 그림(위): http://no10.nayana.kr/~jlme0515/bbs/board.php?bo_table=B04&wr_id=496:

181쪽 사진: http://blog.daum.net/swany62687/224

정보 탐색의 아쉬움을 해결해주는 친절함

이종호
(한국과학저술인협회 회장)

한국인이 책을 너무 읽지 않는다는 것은 꽤 오래된 진단이지만 근래 들어 부쩍 더 심해진성습니다. 전철이나 버스에서 스마트폰으로 다들 카톡이나 게임을 하지 책을 읽는 사람은 거의 없습니다. 과학 분야 책은 말할 것도 없겠지요. 과학 분야의 골치 아픈 개념들을 굳이 책을 보고 이해할 필요가 뭐란 말인가, 필요할 때 인터넷에 단어만 입력하면 웬만한 자료는 간단히 얻을 수 있는데……다들 이런 생각입니다. 그러니 내로라하는 대형 서점들의 판매대도 갈수록 좁아들어 겨우 명맥만 유지하고 있는 것이겠지요.

이런 현실에서 과목명만 들어도 골치 아파 할 기술발명, 물리, 생명과학, 수학, 지구과학, 정보, 화학 등 과학 분야만 아울러 7권의 '친절한 과학사전' 편찬을 기획하고서 저술위원회 참여를 의뢰해왔을 때 다소 충격을 받았습니다. 이런 시도들이 무수히 실패로 끝나고 만 시장 상황에서 첩첩한 현실적 어려움을 어찌 이겨 내려는가, 하는 염려가 앞섰습니다.

그러나 그간의 실패는 독자의 눈높이에 제대로 맞추지 못한 탓도 다분한 것이어서 '친절한 과학사전'은 바로 그 점에서 그간의 아쉬움을 말끔히 씻어줄 것으로 기대됩니다. 또 우리 학생들이 인터넷에서 필요한 정보를 검색했을 때 질적으로 부실한 자료에 대한 실망감을 '친절한 과학사전'이 채워줄 것으로 믿습니다. 오랜 가뭄 끝의 단비 같은 사전이 출간된 기쁨을 독자 여러분과 함께 나눌 수 있기를 바랍니다.

제4차 산업혁명의 동반자 탄생

왕연중
(한국발명문화교육연구소 소장)

오랜만에 과학 및 발명의 길을 함께 갈 동반자를 만난 기분이었습니다. 생활을 함께할 동반자로도 손색이 없을 것 같았지요. 생활이 곧 과학이기 때문입니다.

40여 년을 과학 및 발명과 함께 살아온 저는 숱한 과학용어를 접했습니다. 특히 글을 쓰고 교육을 할 때는 좀 더 정확한 용어의 선택과 누구나 쉽게 이해할 수 있는 해설이 필요했습니다. 그때마다 자료가 부족하여 무척 힘들었지요. 문과 출신으로 이과 계통에서 일하다보니 더 힘들었고. 지금도 마찬가지입니다.

바로 이때 '친절한 과학사전' 편찬에 참여하여 감수까지 맡게 되었습니다. 원고를 읽는 순간 저자이기도 한 선생님들이 교육현장에서 학생들에게 과학을 가르치는 생생한 육성을 듣는 기분이었습니다. 신선한 충격이었지요.

40여 년을 과학 및 발명과 함께 살아왔지만 솔직히 기술발명을 제외한 다른 분야는 비전문가입니다. 따라서 그동안 느꼈던 과학 용어에 대한 갈증을 해소시켜주는 청량음료를 만난 기분이었습니다.

그동안 어렵게만 느껴졌던 과학용어가 일상용어처럼 느껴지는 계기를 마련할 것으로 믿으며, '제4차 산업혁명의 동반자 탄생'으로 결론을 맺습니다.

'친절한 과학사전'이 누구보다 선생님들과 학생들이 과학과 절친한 친구가 되는 역할을 하기를 기대합니다.

누구나 쉽게 과학을 이해하는 길잡이

강충인
(한국STEAM교육협회장)

일반적으로 과학이라고 하면 복잡하고 어려운 전문 분야라는 인식을 가지고 있습니다. 그러나 '친절한 과학사전'은 과학을 쉽게 이해하도록 만든 생활과학 이야기라고 할 수 있습니다. 과학은 생활 전반에 응용되어 편리하고 다양한 기능을 가진 가전제품을 비롯한 생활환경을 꾸며주고 있습니다.

지구가 어떻게 생겨나 어떻게 변화해오고 있는지를 다룬 것이 지구과학이고, 인간의 건강과 생명은 어떻게 구성되어 있고 관리해야 하는가는 생명과학에서 다루고 있습니다.

수학은 생활 속의 집 구조를 비롯하여 모든 형태나 구성요소를 풀어가는 방법입니다. 과학적으로 관찰하고 수학적으로 분석하여 새로운 것을 만들거나 기존의 불편함을 해결하는 발명으로 생활은 갈수록 편리해지고 있습니다.

수많은 물질의 변화를 찾아내는 화학은 물질의 성질에 따라 문제를 해결하는 방법입니다. 물리는 자연의 물리적 성질과 현상, 구조 등을 연구하고 물질들 사이의 관계와 법칙을 밝히는 분야로 인류의 미래를 위한 분야입니다. 4차 산업혁명시대에 정보는 경쟁력입니다. 교육은 생활 전반에 필요한 지식과 정보를 습득하는 필수 과정입니다.

'친절한 과학사전'은 학생들이 과학 지식과 정보를 쉽고 재미있게 배우는 정보 마당입니다. 누구나 쉽게 과학을 이해하는 길잡이이기도 합니다.

친절한 과학사전 – 수학

ⓒ 조윤희, 2017

초판 1쇄 2017년 9월 22일 찍음
초판 1쇄 2017년 9월 28일 펴냄

지은이 | 조윤희
펴낸이 | 이태준
기획·편집 | 박상문, 박효주, 김예진, 김환표
디자인 | 최진영, 최원영
관리 | 최수향
인쇄·제본 | 제일프린테크

펴낸곳 | 북카라반
출판등록 | 제17-332호 2002년 10월 18일
주소 | (121-839) 서울시 마포구 서교동 392-4 삼양E&R빌딩 2층
전화 | 02-486-0385
팩스 | 02-474-1413
www.inmul.co.kr | cntbooks@gmail.com

ISBN 979-11-6005-038-7   04400
      979-11-6005-035-6   (세트)

값 10,000원

북카라반은 도서출판 문화유람의 브랜드입니다.
이 저작물의 내용을 쓰고자 할 때는 저작자와 문화유람의 허락을 받아야 합니다.
파손된 책은 바꾸어 드립니다.

이 도서의 국립중앙도서관 출판시도서목록(CIP)은 서지정보유통지원시스템
홈페이지(http://seoji.nl.go.kr)와 국가자료공동목록시스템(http://www.nl.go.kr/kolisnet)에서
이용하실 수 있습니다. (CIP제어번호 : CIP 2017023939)